数码摄影

白美照

范毅舜

将平凡场景拍出不凡影像

The beautiful photos of digital photography

Shooting Outstanding Photos from Ordinary Scenes

著

U0272529

化学工业出版社
北京

目　录

THE BEAUTIFUL PHOTOS OF DIGITAL PHOTOGRAPHY

用数码技术扩大你的摄影领域与实力

我最近去做了趟旅行，一下飞机，就看到一个有趣的广告，看板上有个年轻人正拿着手机拍照，斗大的标题字写着："你若想真正记住人生精彩片刻，就不要随意快拍（snap shot）。"我虽未细看这究竟是销售什么产品的广告，然而我却完全同意这看法。

这是个人人随时随地都在拍照的时代，然而借着摄影，我们究竟想如何端详或表现人生？当摄影随着数码相机的了出现，变得越来越容易时，却发现有深度、有情感的好照片不多见了，随着存储卡容量增加，很多摄影者拼命拍，就像拾荒老人，捡了一屋子东西，却可能根本不值得保留。

当摄影只在量的方面取胜，而不在质的方面精益求精时，真不如不拍。

数码相机即拍即看，却仍有人缅怀传统摄影，这也说明很多摄影者想念传统相机审慎按快门的专注与全自主。

数码摄影的优点正是它最坏所在，很多初学者用功能强大的数码相机拍照，不仅毫无章法，更因绚丽的附加功能，才蜻蜓点水似的每个都略懂一点。为让初拿数码相机拍照的初学者快速上手，应运而生的大量摄影工具书，却大多是豪华版的相机使用说明，与摄影实力养成完全然无关。

数码科技已造就了人类过度消费与浪费，当更炫的数码相机一台紧接着一台问世时，我虽受诱惑（例如它的体积越来越小，对跨

采收小红莓

入中年的我来说，是个福音）却能不为所动，因为我坚信，摄影最美妙之处，仍是无可取代的当下凝视，若我对周遭不再感动，不愿再花时间去欣赏，甚至没有追求美感的渴望，再新型、再功能强大的数码相机，对我而言只是没有意义的机器。

这本书正是与读者分享，如何充分利用数码相机的优点，而不只是依赖它来打造个人摄影之路。在这人人都低头在网海漫游的时代，如何鼓励摄影者抬头，放眼四周，以相机抒发个人的情怀、开拓视野，尤为重要。尤其是数码相机功能强大，且能拍出超精细画质，若以它随手乱拍，实在可惜。

为此，继几年前叫好又叫座的《逐光猎影》之后，我又写了这本书，我对以手机或iPad拍照，仍敬谢不敏，不是使用它们拍不出好照片，而是在使用功能上相当有限，尤其是很多快拍者，很容易以它附带的应用程序，大玩后期处理，而不在最基本的拍摄经营上下功夫，如果是这样，还不如认真欣赏眼前的景物，不要拍照（在现场都不细看，回家后还会浏览？颇令人怀疑）。此外，我仍坚信，好的影像仍具有记录与呈现生命当下的功能，在这粗糙的照片在网海泛滥成灾的时代，一位摄影者，好整以暇地从相机取景器中，深情而静心去观察记录那一个永不重复的瞬间，岂不更有趣、更有意义？

数码相机越来越先进，在它花哨、强大功能的包装下，所有基本功法，更是摄影入门者锻炼自己摄影实力的依据和参考。至于结合计算机软件的后期制作与表现，已是另一个领域，本书不多做讨论。

全书共分9章节，其中对如何使用数码相机着墨最少，因为相机说明书和网络中的信息已足够参考。此外，无论是传统相机还是数码相机，在我的眼里，它们都是"光"的记录器，拿它来拍什么比较重要。而且，在一个按快门前，就能自相机取景器或LCD显示屏

艳阳下的床单

检视及修正照片的曝光，甚至色彩的年代里，有关摄影技术的议题，实在不必再浪费版面多做论述。

为了强调数码相机对摄影的影响，我在第1章、第2章稍稍提及数码相机有别于传统相机的先进及便利之处，对于仍持底片摄影优于数码摄影观点的读者，读完这两章，也许就会很放心地放下"底片摄影"，转而拥抱数码摄影。

第3章我以非常简洁、提纲挈领的方式向读者提供摄影最基本的概念，有了清晰的观念，要操作一台数码相机摄影一点也不困难。

第4章我开始渐进地与读者分享摄影的基本方法，这一章我谈到摄影的核心——光线的观察与运用。

第5章我们聊聊人云亦云的摄影形式构图，此外，我还提到了较抽象的摄影形式表现。

第6章我现身说法提醒读者，找一个小专题拍摄是锻炼摄影水平的最佳法门。

第7章针对国内极喜寻求群体认同的摄影文化，我呼吁读者忠于感觉地来经营自己的摄影天地。

第8章与读者分享我近年来以数码摄影完成的几个题目，其中也提到出版发表这部分。

至于第9章谈一下数码摄影发表的可能。

上述每一个章节都可成为一本巨著，在信息传递如此迅速的年代，我尽力将它们简化。此外，自我拿相机那天起，就觉得摄影，尤其是技术面，不那么困难，反倒是摄影者的见识与热情，最难经营。

我希望这本书能引起你的共鸣，更对读者摄影养成有助益，借着数码摄影去经营"美"的追寻，一个全然属于自己的生命经验。摄影从底片进入数码，表示这个不过一百多年的艺术类型，仍充满无限可能，一如人类的想象力，永无止境。

我很高兴全书所有影像都能将那个令我感动的瞬间深刻而清晰地记录下来，不负"摄影"最原始的止标与使命。

祝福每一位喜欢摄影的朋友都能在自己的摄影天地尽情发挥，进而与别人分享这份美的见识与追求。

盐水蜂炮

Chapter 1

你不知道的数
码摄影魅力

三十多年前，我开始自学摄影时，就使用对曝光正确要求较高的幻灯正片，当数码技术已相当受欢迎时，我的冰箱里仍有数百卷柯达公司赞助的Kodak VS幻灯正片。随拍随看的数码摄影，让许多专业底片摄影师直言"摄影玩完了"。但真实情况是：摄影没有被玩完，而是底片摄影时代彻底结束了。

直到最近，我发现仍有人对底片摄影念念不忘，且觉得数码影像永远无法与底片质地相比，若有机会接触到较新款的数码相机，也许就会改变想法。专业数码相机除了在往全画幅机种迈进外，更力求轻薄短小，且价钱越来越便宜，它将相机由传家宝变为随时可汰旧换新的消费品。

19世纪末虽已发明胶卷底片，但直到上世纪初，更轻巧的135底片问世后摄影才开始普及。整个摄影美学几乎与底片发展与时俱进，就在底片，甚至平面媒体及摄影评论日趋成熟之际，数码却悄悄兴起，二十几年的时间，就让与底片齐名的柯达公司破产。

梵·高的白玫瑰

拍摄模式 / 光圈优先. 光圈 f/3.5 · 快门 1/100秒. ISO 800 NEX-7

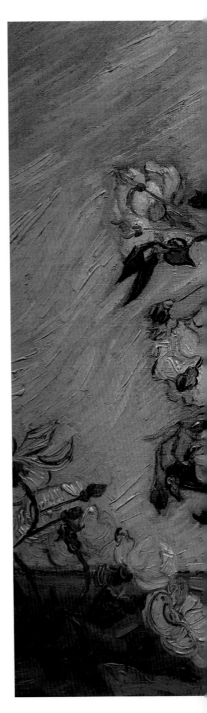

我真正感受到数码摄影的魅力是在欧美国家的一些重量级的博物馆里，美术系出身的我很珍惜亲炙画作现场，细细欣赏这昔日只能从复制品中才能得见的原作。年代久远，这些重量级名画由于过了版权时效，开放摄影，就连严禁拍照的美国华盛顿国家画廊也不例外，昔日馆方总以闪光灯会伤害原作为由，严禁摄影，其实版权才是最主要的考量。先不谈版权归属问题，数码相机就是高感光度手持拍摄，仍有质地极佳的解像度，根本不需要闪光灯，高感光度底片除了粒子较粗，颜色也不佳，不拍也罢。

然而数码也带来了极大的灾难，那就是细心欣赏原作的人少了，一群群游客如掠取猎物般的对原作猛拍，无视他人的存在。昔日为馆方带来庞大业绩的平面原作复制品，生意也因此一落千丈。

我可能也成了掠夺名作其中一员而不自知。然而当我从计算机屏幕上细细检视这些名作原档时，只要在拍摄当下或事后稍作调整，就可以得到一张与原作相差无几的影像，更可借家中的打印机，打印出一张以假乱真的复制品，数码魅力真是不可挡。

摄影小札

我自小就喜欢梵·高（Vincent Willem van Gogh, 1853-1890）的画，他画里的明艳色彩、劲拔笔触与他跌宕悲剧的一生恰成强烈对比。难以置信，梵·高这幅白玫瑰，绘于他生命最后3个星期。

那时梵·高刚从圣雷米精神病院出来，这幅盛开的白玫瑰恰如画家生命最后的写照，原本为粉红色的玫瑰，由于全然绽放而逐渐蜕变为白色，盛开的繁花恰如梵·高最后的余光。由于原作油彩极为厚实，梵·高北上奥维时因画面未干而未携此画同行，这幅画也几乎成为他在普罗旺斯油灯将尽的回光返照。梵·高悲惨的风流轶事增添了世人对他的浪漫想象，然而对照他贫困的一生，却仍能在画作中不见诅咒、灰暗，而尽情释放光与热，不得不对他尊敬有加。

135底片于1934年由柯达公司发明，60年代末期，它终于超越中型的120底片，成为最受欢迎的底片类型，近年的135全画幅数码相机，数码感光元件的尺寸仍沿用135底片的规格。

春花

拍摄模式／光圈优先．光圈 f/9.0・快门 1/60秒．ISO 100
NEX-7

由于底片时代底片及冲洗成本高，每次拍照几乎都极为审慎、有明确目标地按快门。而今一张存储卡可拍摄无数影像，又能重复使用，我几乎随时都在拍照。

摄影小札

美国的华盛顿四季分明，许多树木一到春天，先开花后长树叶。

我家所在社区就有不少樱花、李花、苹果花……我爱极了春日绽放的花朵，它让我领教大自然的生命力。严冬大地寸草不生，就连树木也干枯、了无生气，然而只要天气一暖和，所有花发狂盛开，自然磁场在这一期间迸发出的能量，让人不得不信，春天是心理医师认为的忧郁症好发的季节。两相比对，着实讽刺。

树花花期甚短，几阵好风吹过就随风而逝了，后院附近这棵树也不例外，冬天时，它是最不起眼的一棵小树，然而只要春天一到，它就变得花枝招展、生机勃勃。就像徐志摩到灵峰去探春梅的消息，每年春日，我总提醒自己，去瞧瞧这树开花了没。不过两分钟的脚程，却常因琐事缠身而错过花开盛景，去到时已绿叶满树。

一个温暖春日的午后，我带着相机来向树花顶礼，白中带红、紫的小花配上绿色背景真是美不胜收。数码摄影随拍随看，可立即做出修正，我的春花摄影俨然是尽情发挥的现在进行式，不似底片摄影，只能事后回味。

摄影有什么魅力？据说拥有此树的老先生心脏手术后，极少在外走动，我带着一张洗好的小照片前去探望他，看着相片，他莫名地感动，一场大病让他忘了生活中仍有万千美好的事物。第二天，我就看见他拿着工具在后院整理花园了。

三十多年前，我自学摄影时就使用对曝光要求甚高的胶卷底片，当数码相机已相当普及时，我的冰箱里仍有数百卷柯达公司赞助的Kodak VS幻灯正片，然而当我使用数码器材且拍出得意的影像后，不免摇头；谁还能忍受按36次快门，就得换底片这事？试举一例。

1999年，我带着200多卷柯达胶卷底片，前往欧洲开始欧陆文化遗产行旅拍摄，由于要拍摄许多景点，我的随身行李箱全是胶卷，我一路与海关周旋，希望他们不要将行李经过X光机扫描（为此，他们还得将软片盒拆封，逐一检视）；此外，我身上还背着两台沉重的135相机，一台中型645相机和数个镜头、滤镜、三脚架、电池、相机清洁用具……其中辛苦不足为外人道。

不过十几年，200多卷、近8000多张的底片，全可压缩在一张容量大的存储卡里，至于能获得更佳解析度的中型相机也早已被束之高阁，因为数码全画幅相机，已逐渐成为大众都能消费得起的普遍机种。

昔日所有修习摄影的人都要对底片、镜头、相机快门有基础了解，才能获得一张曝光正常的影像，加上影像得等底片冲出，才能得知拍摄结果，距拍摄当下除了已事过境迁，冲片与洗照片往往还得假手他人，摄影入门的确不易。

随拍随看的数码摄影，却将这种机制，全然瓦解，诸多专门教授摄影技巧的摄影教室，大受影响，底片专业摄影师更直言"摄影玩完了"，但真实的情况是：摄影没有被玩完，而是底片摄影时代彻底结束了。

数字技术将摄影带入一个前所未见的天地，它的发展是如此快速与普及，一如数十年前一般人接触不到的计算机，今日已是生活必需品。新型且却越来越普及的数码相机，究竟有什么是底片相机及底片摄影做不到的功能，又为摄影开拓了什么新的可能与格局？且待下章分解。

湖光秋色

拍摄模式／光圈优先．光圈 f/8.0．快门 1/400秒．ISO 800 SLT-A99V

传统光学的单反相机，如今面临全新的革命，新型无反光镜的可换镜头数码相机，提供了先进的即时预览（Live View）功能。此设计全然解决了底片相机获得正确曝光的问题，底片时代职业摄影师大多采用比较浪费底片的包围曝光法（加减曝光各拍一张），以获得正确曝光的影像。使用光学取景器的数码相机，也是在按下快门后，从LCD屏幕中检视影像再做出曝光修正。即时的数码影像，让摄影师在按快门前，可从LCD屏幕中，清楚地看到影像画面的曝光亮度，不必再做修正。这一发明大大改变了摄影测光习惯，就以这张影像为例，画面中的光线如此复杂，如果我用底片相机的包围曝光法，或从LCD屏幕中，再做曝光设定，这条小船可能已飘得不见踪影。就是这种预视功能，让我能边拍边调整曝光指数，如开机关枪似地一直对着目标按快门，拍到了这千载难逢的画面。

注：传统相机（SLR）透过镜头传递影像至机身内不能透光的反光镜，经五菱镜反射成正像于光学取景器（OVF）内。目前市场上的"无反光镜"以及"半透明反光镜"可换镜头数码相机，同样借由镜头传递影像至感光元件上。让LCD及电子取景器得以取景。

摄影小札

住家附近有个州立公园，园中秋叶一夕间就轰然变黄、变红，不似春花含有无限生机，变了色的树叶，随时会凋零落地。

一个深秋的黄昏，我驱车前来公园湖畔，将相机固定在三脚架上，从容捕捉秋的余晖，夕阳西下，正准备收工将相机自脚架上卸下时，一艘小船却突然现身湖面，我条件反射般地对着小船猛拍，由于使用的是无反光镜的数码对焦相机，我从取景器中可清晰地看见曝光亮度，而随着前行处于不同光线下的小舟不停地调整曝光补偿（EV值），以获得正确曝光。

像是崑曲《秋江》中，乘着扁舟追赶情郎的陈妙常，我的相机快门跟不上下江而去的潘必正，我甚至对着湖心的摇桨者大喊"请将船摇近一点"，好让我的构图更加圆满。陶醉在秋光里的摇船人，却听不到我的呼喊（事后从影像中窥知，原来他戴着耳机），那轻盈的小舟恰如自乌云后钻出的阳光，更如艺术家陷入枯竭时的灵光乍现，在我回过神后又飘然无踪。

我带着一身疲惫回到住处，直到临睡前，猛然想起傍晚的邂逅，将相机中的影像导入计算机中观看，才惊觉这超现实、未经任何计算机编辑的影像，直魔幻秋光神话。我突发奇想，何不找个朋友，充当船夫，带着电话耳机，供我在岸上差遣，好取得更理想的构图？

是夜，风云变色，一场突如其来的秋雨，将叶片无情地扫落，秋光盛景壮烈落幕。

台南街景

拍摄模式／光圈优先．光圈 f/4.0·快门 1/80秒．ISO 2500
DSC-RX1

这样的巷道在住商不分的台湾随处可见。
数码摄影真是不得了，昔日要拍这样的
景象，除了要将相机固定在脚架上，长
时间曝光，冲片时可能还要故意将底片
增感，如此大费周章，除了无法获得理
想色彩与解析度外，被拍摄的人可能更
会感到不悦。

数码感光比底片敏锐许多，其中没有任
何化学变化，而是将影像完全记录在数
码感光元件上，数码影像就是在暗部仍有
层次而且色彩丰富，不似由底片冲出的
照片，暗部往往死灰一片，极不理想。
底片时代，若以正片拍照冲洗照片，为
了减低反差还要手工制一张中间负片
（Masking），数码影像就没有这个问
题，以RAW格式拍摄的影像，保留大量
信息，再暗的细节事后都可经由计算机软
件调整。这张以高感光度拍摄的影像，除
了手持拍摄，质感也佳，噪点也不多见
（数码高感光常见的问题，很多计算机软
件可将噪点瞬间修除，虽然我觉得噪点也
有它的趣味），这样随手拍来的影像除了
让我惊异，更让我从中窥见从未有过的摄
影创作潜力。

摄影小札

台南是我的故乡，但一直到居住国外多
年，我才更体会故乡的特殊与美好。
我的摄影习惯在台南养成，但当时我从未
以台南景物入镜，而是借古墙的一角或无
际的海平线挥洒我的想象，然而我竟在数
码摄影中勾勒出故乡的线条，找到了创作
的动机与潜力。

难得返台，我去台南友爱街巷弄内拜访学
长，深夜出来时，随手按下快门拍下这张
影像。身处国外，先不谈影像本身，仅是
画面里的阳春面就让我想念。台南有很多
其他地方见不到的视觉符号——那复杂光
线中、气定闲神的自在——底片不那么容
易驾驭。

数码相机像双眼的延伸，它能轻易地将眼
前的瞬间记录下来，也许会有人认为它太
漂亮而不真实，但它起码很漂亮！这样的
条件，让昔日无法、甚至想不到的题材都
有了可能。

上妆的演员

拍摄模式／光圈优先．光圈 f/2.0・快门 1/200秒．ISO 800 DSC-RX1（左图）
拍摄模式／光圈优先．光圈 f/3.25・快门 1/125秒．ISO 800 DSC-RX1（上图）

厂商提供一台新上市的迷你全画幅类单反相机。我将相机的多项参数设定为自动，专心经营我的画面。美丽的旦角演员正为所扮演的角色整理头饰。由于只是测试，我以尺寸较小的JEPG格式拍摄，并未使用RAW格式储存，数日后的发表会上惊见测试影像的魅力，原来厂商将其中几张影像做成了40x60寸的巨幅照片（他们还可以做得更大），大照片解像度惊人，除了中央对焦区域，整幅画面都精细结实，就连最靠边演员的指甲缝都清晰可见。

仍记得现场拍摄光源十分混乱，除了偏绿的日光灯，还有偏黄的钨丝灯，底片只能认定某种光源的宿命，画面中的人物看起来不是太红，就是太绿，十分不自然。然而有了数码的自动白平衡功能，我只要专心拍照就好，其他的校正，相机自己来做，而这只是数码相机的基本功能（既然取代了底片，数码相机本就要解决白平衡的问题），这台小相机，轻巧得可装进一般小背包，随时可拿出来使用。

摄影变得如此方便，但对于从底片摄影一路摸索过来的人，不免感叹他们数十年的经验，竟变成数码相机的小玩意。

摄影小札

后台是我最喜欢的题材，在数码摄影之前，我曾以底片尝试拍摄，但效果不好，数码摄影让我重拾拍摄此题材的热情，摄影美学与器材发展与时俱进，数码相机解决了底片无法在各种光源下拍摄的宿命，加上高感光度拍摄仍有极佳的解析度与色感，让我在拍摄上更加得心应手。

为了增添构图的趣味性，我故意将相机斜着拿（左图），这样的构图让一个本来四平八稳的画面充满了流动感。

华盛顿国家画廊

拍摄模式／光圈优先．光圈 f/4.5．快门 1/20秒．ISO 800 NEX-7（上图）
拍摄模式／光圈优先．光圈 f/4.5．快门 1/30秒．ISO 800 NEX-7（右图）

在底片摄影时代，我很少即兴拍照，摄影与其他艺术类型不同，例如表演艺术工作
者，常有即兴发挥的表演及创作方式，书画艺术家更是兴之所致就能手出经典，大书
法家王羲之几幅名帖，据说就是在一场集会或特殊环境下顺笔完成的。

底片摄影很难这样随性，它有诸多限制，想拍什么就拍什么绝不如想唱什么就唱什么
那般容易（人类可是花了十几个世纪才发明了记录光线的底片，昔日想要真实记录与
复制影像可大不易）。

数码摄影却不是这样，当记录不再是问题，摄影者更可以即兴发挥，虽然即兴（随
兴）难免有轻佻的轻浮感，然而即兴却有更多可能，随性拍摄只要经过沉淀，自然能
从砂砾中淘出钻石。

摄影小札

因地缘之便，我常到华盛顿国家画廊，我的任务是尽地主之谊带朋友导览，为此我只能
在一些夹缝时间中拍拍东西，这幅影像摄于国家画廊西画廊古典部的中庭入口，等朋友
时，我被这对称空间吸引，偏暖柔和的光线更令我着迷，其中一位突然出现、好似在等
待的人物更增添了画面的趣味性，我随手按下快门，发觉此影像大有可为，又连续拍了
几张。回到住处，朋友见到这张影像，惊问我摄自何处？当我说我们曾一同经过这儿
时，他怎么也不相信。然而我也在想，若不是有台数码小相机，我也不会出其不意地拿
起就拍，起码底片时代，我不会随身带台笨重的相机去做这吃力又不讨好的事的。

数码摄影像另一只延伸的眼，昔日，为了迁就器材条件，我们还要锻炼另一只摄影
眼，要懂得以相机的条件去观看，底片往往不能如眼所见地记录现场景象，现在却可
免了过往的不便，造就了专业的门槛与神秘，数码相机却可以看到什么就拍到什么。
有时，它所拍摄的景象比双眼所及还好。

市场一隅

拍摄模式／光圈优先. 光圈 f/4.5・快门 1/60秒. ISO 250
NEX-7

常有摄影初学者问："真的可以想拍什么就拍什么，且能拍出作品般的细腻深度吗？"这张影像给你什么感觉？我拿着一台小相机在一处过气市场中闲逛，现场光线柔和，美得像首小诗。这面墙，让我想起大学时，曾流行过一阵怀旧风格的写实画风，很多同学在这一潮流下，刻意去找一处不起眼的角落，或是墙角边的植物，或是一扇倾颓的门，慢工出细活般地表现社会巨变观感。

挪威剧作家易卜生（Henrik Johan Ibsen, 1828—1906）生前总认为自己的作品应该用"听"而不是用"看"的而烦恼，一位后生戏言，若当年有收音机，他的问题就可迎刃而解了。同样的，如果大学时期有数码相机，我的朋友当年就不用磨洋工般地在画布前画个不停了。

摄影小札

住在台南朋友经营的民宿时，我到不远的西门市场闲逛，这是儿时印象中台南最显著的一座市场，时移世易，旧市区腹地有限，显赫的西门市场因其他区域兴起而逐渐没落。当我入内漫游时，怎么也无法想象这就是我小时候有如刘姥姥逛大观园，有着各类民生物资的民生博物馆。

神形虽变，气质犹在，我在仅存的布行巷弄中，看到这面墙，上面有着各式布告，墙面色彩，就连管路的线条都增添了画面趣味，一朵花看一个世界，一面墙在有限的取景器中也是一个自成一格的宇宙。

朋友在我回来后，问我挖到了什么宝。我说时间有限，只略拍一二，应花时间常驻拍摄，朋友不可置信质问："那儿还能拍出什么名堂？"我请他看这张影像，他顿时哑口无言，喃喃自语地说，自己竟从未这样观看过近在眼前的生活世界。

大教堂

拍摄模式／光圈优先. 光圈 f/3.2・快门 1/50秒. ISO 800
NEX-7

我拍过不少欧陆教堂，古老的教堂，尤其是歌特式建筑，室内大多光线幽暗，为取得最佳质地，我不得不将相机固定在三脚架上，以低感光度底片慢速度拍摄。然而许多欧陆名堂有明文规定，严禁使用三脚架摄影，为此得事先申请摄影，否则就会尝到闭门羹，无法完成任务。

基于对教堂的热爱，我书写了不少关于欧陆教堂的书籍，当时对拥有大批近似独家的教堂影像而沾沾自喜，这样的虚荣随着数码摄影的兴起全然瓦解，就连对古迹保护甚严的德国，近年陆续开放了教堂内观摄影，只要交少许钱，就像买一张门票一样，便可尽情拍照。我在法国圣马德莲大教堂里，由于没有脚架的束缚，如入无人之境般地尽情拍照，在取景构图方面，由于可立即调整感光度，如虎添翼般地大拍特拍，令人惊异的是，影像质量竟比底片还要出色。

摄影小札

圣马德莲教堂（L'église Sainte-Marie-Madeleine）是一座新古典主义风格的建筑，这座建筑命运乖舛，一直到19世纪中叶才确定作为教堂使用，因此它杂揉着希腊万神殿庙堂外观就不足为奇了。它位于精品店林立的第八区，到巴黎的人很难不逛到这儿来。虽然如此，这座教堂的艺术成就却远不及它的历史沿革来得有趣。

我拿着一台精巧的数码相机随手猎影教堂风采。不过10年前，我仍扛着沉重的三脚架，在教堂内摄影，有时还会因挡路被人嫌弃，每张影像都得之不易，而今谁都可用感光度极高的数码相机摄影，且获得不错的效果，再也不用三脚架。今昔对照，不免感慨：这世界一直在变化，人间没有永恒，成就再高的摄影师若是只惦记着古老的辉煌岁月，只有等着被淘汰。

高感光度拍摄让我脱离了脚架的束缚，在取景构图上更加活泼自在，昔日我的构图方式大多四平八稳，数码相机在手后，也许没有底片成本负担，再加上可高速摄影，我常故意将相机斜着拿，制造一种更夸张的戏剧效果。

这张影像以ISO800高感光、光圈 f/3.2拍摄，仍拥有极佳的质量，对长期使用底片的我，也算是开眼界了。

灯会

拍摄模式／光圈优先. 光圈 f/2.8 • 快门 1/15秒. ISO 3200 DSLR-A900（上左）
拍摄模式／光圈优先. 光圈 f/2.8 • 快门 1/8秒. ISO 3200 DSLR-A900（上右）
拍摄模式／光圈优先. 光圈 f/2.8 • 快门 1/5秒. ISO 3200 DSLR-A900（右图）

"这样的光线能拍吗？"朋友不可置信地问。未料，不仅可以，而且效果不错，这还不是以最新的数码相机拍摄的，若使用最新的数码器材，还不知会是何等面貌。数码相机是伟大的发明，这个数码感光元件，最先被柯达公司拿来运用，但柯达害怕这一发明会打击到有如印钞机的底片市场，竟将这技术开放出去，不过二十几年，竟让自己破产。

我们已处于一个全新的摄影世界里，旧的传统或被珍惜、保存，或被淘汰，一个新的数码摄影天地，就像穹苍宇宙仍在不停地成长、分裂与爆炸，没有人能探得它的边界，我们现阶段只能顺着旧有的模式来观看这个新兴的天地，但仍非常吃力，毕竟它的发展速度远超过我们的想象。

数码技术还有很多待发现的魅力，且让我们将命题缩到最小。许多摄影爱好者问到我某些摄影技巧问题时，我总先问他们使用什么相机。当我知道他们的问题后，总是不假思索地回答："换一台先进的数码相机，问题就解决了。"以投资报酬率而言，投资一台先进的数码相机是相当值得的。

摄影小札

法国第二大城里昂，每年12月8日都有光节活动（Festival of light），这一个源自地方宗教庆典的活动，现在已是里昂冬季最吸引人的观光节庆，每年起码吸引400万游客参观。平心而论，里昂的光节比台湾有如大拜拜的灯会有创意许多。里昂旧城拥有诸多包括大教堂的古迹，艺术家们运用计算机作画，再以雷射灯将影像投影在建筑物上，堪称相当环保，也不会造成污染。更有趣的是，白天时，这些投影灯全都藏身于建筑一角，夜晚架出，活动结束立即撤退，恢复正常，应验了光线来无影、去无踪的效应。

有一年冬天，我在朋友带领下无意闯进了这令人叹为观止的活动，只见游客们顺着大会所发的地图一一去欣赏每一处的投影创作。法国的艺术家在这里发挥了惊人创意，无论是投影的叙事手法、色彩、造型都有可观之处，大批观光客中更有扛着脚架的摄影爱好者来拍摄这难见的盛会。我的数码相机自动感光度设计，让我只需专心拍照，一直到我返家，我才知道它的感光度设定竟然高达ISO3200。

若想完整地记录这光影的投射过程，近几年的数码相机，还有HD高画质的录影功能。对我而言，有时间记录的影像已涉及电影，它是另一个有趣的严肃领域。我在一个冻结的瞬间仍能找到许多乐趣与创作的野心，这此内容就不在本书的讨论范围之内了。

Chapter 2

数码相机增加了
摄影的可能性

You get what you see！所拍即所见！当底片摄影师仍沉醉在底片摄影，对只有几字节的粗糙数码影像嗤之以鼻时，数码技术竟在极短时间步入成熟，取代了底片。数码技术增加了摄影的可能性，大幅降低了摄影技术的门槛，谁都可以拍出曝光正确的影像。

"你只要按下快门，其他事情我们来处理。" 19世纪末，柯达公司在相机问世时喊出这极具煽动力的广告术语，若不懂基本摄影知识，装上底片的相机就是按下快门，也不见得能拍出影像。当时的拍照毕竟不像开车，钥匙一转，车子就能启动。

所有摄影爱好者，昔日最关心的问题除了拍摄本身，就是摄影器材，每当有新机种，例如测光更准确的相机或有更漂亮色彩表现的底片问世时，总会引起较大的反响，然而这一切，全然不及数码相机的 You get what you see！（所拍即所见！）当底片摄影师仍沉醉在底片成就，对只有几字节的粗糙数码影像嗤之以鼻时，数码技术竟在极短时间步入成熟，一举"消灭"了底片。

数码相机与底片相机最大的差异，就是它以"数码"而非"底片"来记录影像。数码感光元件，1969年由美国AT&T电话公司的贝尔实验室两位工程师发明，1975年，柯达公司一位工程师将它运用在相机上，可惜柯达担心数码技术会影响已成熟的底片市场，未在这一领域下功夫，最后反被日本相机公司赶上，回头"消灭"了自己。

餐厅外一景

拍摄模式／光圈优先. 光圈 f/4.5 • 快门 1/80秒. ISO 500 DSC-RX1

先进的数码相机很夸张，我只是随手按个快门就拍下了这张影像，没有野心，没有预设观点，纯粹快拍，也就是西方人所说的Snapshot（快拍），"快拍"即兴成分极重，对此影像品质相对不能要求太高，然而数码相机就是在即兴瞬间，也丝毫不马虎，它的影像就是放大到60寸依然保有精细的画质。

这张影像以光圈优先模式拍摄，但许多设定仍维持自动（自动白平衡、自动ISO、快门自动搭配），我只是随手就拍，不像底片时代，按快门前总有许多算计，例如，这样的光线能否作业？快门会不会太慢而让影像模糊？……在看到这张影像的画质后，我更鼓励喜欢摄影的人全然投入数码摄影，我们除了能从中得见一个前所未见的摄影天地，更因为先进科技而能自由发挥。

摄影小札

去香港看朋友，无事的时候，朋友带我前往中环一带逛逛，去瞧瞧老外爱聚集的地点，经过这家小餐馆门前，觉得此间氛围非常丰富，我便拿起随身携带的小数码相机，瞬间按下快门，只是路过，我未及时检视影像内容，直到离开香港，回到住处，从计算机屏幕观看这张影像时，才赫然发现数码摄影魅力如此惊人，整张影像气氛热闹不说，竟事无巨细地把当时的气氛全然捕捉了下来，由于包括自动白平衡、ISO的全自动设定，在事后检视中，我才知道这张影像以500感光度、f /4.5光圈拍摄，能如此轻易获得一张有趣的影像，我自己都觉得怪异。

底片摄影，有太多条件需要克服，让人轻松不起来，如今这一台小相机，却能轻易制造出一张张优质影像，我除了惊叹，却也觉得这其中仍有许多待经营、沉淀的空间。

先进的器材让摄影变得这般容易，也更能发挥自己的创意，底片时代难以驾驭的题材，今天已大多不是问题，甚至比原来的想象还要好许多。

"摄影"是光的记录，中世纪时期，欧陆就知道如何借着玻璃镜片导光，传递影像，但是一直到19世纪，人类才有办法借新发明的感光材料来记录光线所传递的影像，感光材料日后被涂抹在赛璐珞片上演变成底片。德国的莱卡（Leica）公司于1913年发明了较轻巧的135相机，为配合此款相机，因此有了世人所熟悉的135规格底片。

一个世纪以来，人类一直以底片来记录影像，摄影从拍照到美学，甚至发表机制与底片发展与时俱进，使用底片拍照的人都知道，由于无法立即看到影像，再加上底片涉及物理、化学、光学运作，底片摄影门槛的确不低。

数码摄影以相机内建CCD、CMOS感光元件取代底片，再借着外插存储卡储存所拍影像，然而数码相机的感光元件，无论在感光及运用条件上都比底片先进许多，也由于取代底片，数码相机在构造上也比底片相机复杂，众多有关数码影像拍摄及记录的设定，全是为了克服底片的宿命。

底片的宿命

为记录光线传递的影像，有上百年历史的底片在"感光"材料上不断改进，从最早的黑白到彩色，由低感光一直到高感光不断演进，感光底片会正确记录光的色彩，原来光线由于波长不同而有不同色域，摄影人以称之为色温。底片时代，很多摄影人入门遇到障碍，就是以为眼睛所见的一切，底片全能正确拍下，然而我们的大脑有极强的适应力，再诡异的光线，比如炫光四射的跳舞场合，只需眨眼的工夫，大脑就能如加上滤色镜般，让光线色彩看起来很正常。

底片没这么聪明，为了适应不同波长的光线，除了黑白底片、彩色底片，还有在一般日光条件下使用的日光片及钨丝灯光源下的灯光片。为了校正底片色温，摄影师还得投资各类滤色镜，例如使用日光片在钨丝光源下拍摄，就得在镜头前加上一只蓝色系的滤色镜校正色光，否则到时画面中的主题会严重偏黄红。若以日光片在

电荷耦合元件（Charge-coupled Device，CCD），是一种积体电路，能感应光线，且将影像转变成数码信号。互补式金属氧化物半导体（Complementary Metal-Oxide-Semiconductor，CMOS）是一种积体电路制程，二者皆为数码相机所采用的感光元件。

| 白平衡示范 |

巴黎圣母院

拍摄模式／光圈优先．光圈 f/5・快门 0.8秒．ISO 320
DSLR-A900（上）
拍摄模式／光圈优先．光圈 f/36・快门 0.6秒．ISO 400
DSLR-A900（下）

没了底片，数码相机需要解决底片色温问题，为此数码相机也有了手动及自动的白平衡设计。"光"因波长而有不同的色彩，只是我们的大脑总能在极短的时间内，如加上滤镜般让我们觉得这些色彩都很正常。

数码的白平衡设定可在相机身上或计算机屏幕上调整，在微调过程中，可亲眼见到影像颜色变化，调出理想的颜色。

这张巴黎圣母院的照片具体呈现出数码白平衡的可能性，我只试做两张，但他们却拥有万千种可能。数码相机拍照，我大多将相机设定为自动白平衡，不一定百分百正确，但只要画面颜色漂亮，我大多不在意，若是希望微调色温，顶多事后在计算机上调整即可。数码相机有了自动感光度，白平衡设定就像是一支画笔，让我运用自如，更可专注拍照。

摄影小札

与神父朋友用过餐，我便火速带着相机前往塞纳河畔的圣母院，感觉不到圣母院，巴黎之行就不完整。这座13世纪的建筑是歌德建筑的代表，但它并不是歌德建筑最出色的一座，19世纪的浪漫派文豪雨果，以一本《巴黎圣母院》（Notre-Dame de Paris，即《钟楼怪人》）让整个欧洲——尤其是法国人——重新重视曾被讥为野蛮人建筑的歌德教堂。

我对大教堂有极高的兴趣，总觉得教堂建筑具体表现出有限人生向往永恒的不朽精神。

由于抵达时间太晚，天幕仅有的光线已在消逝，若想拍得最佳建筑夜景，最好趁日落，人工照明灯亮起，天空仍有余光时拍摄，天光与人工光混合，就可轻易获得一张灿烂非凡的影像。

数码摄影的盲点

拍摄模式 / 光圈优先．光圈 f/8．快门 1/60秒．Kodak 160 EPY 幻灯片

传统摄影最大弱点，是得等底片冲出后才看得见拍摄结果。而底片也对光线色彩、曝光要求相当严格，若没有一定程度的认识与经验，摄影者往往无法拍出眼所见、心所感的影像，而深受挫折。

正是这无法预见结果的拍摄模式，让摄影者在学习过程中，反而对光线与摄影关系及测光技巧能深入了解，不自觉地孕育出自己的摄影美学观。

数码摄影的方便之处，正是它最大问题所在，太多摄影者，拿起相机就拍，知其然而不知其所以然，立即就能看到结果，摄影成像基本知识，付之阙如。为此很多初学者，成天只漫游在浮光掠影的影像猎取中，极难累积实力，更不用说突破与建立个人的美学观。

摄影不是能准确记录眼前景象即可，就连传统专业摄影师都认为得耗费许多财力、心力，而类似黑箱作业的底片摸索，只是熟悉摄影模式的第一步，如何借没有情感的器材来表现个人识见才是他们最在乎的议题。数码不是终结底片摄影，而是让摄影变得更容易驾驭与发挥。

摄影小札

"花"是我在美国硕士班时期开始创作的，我拍花的动机，除了喜欢，更希望这不涉及太多意识形态的题目让我顺利毕业，此外我更以较具现代感的6×6正方形底片，作为拍摄规格。这一庞大题目全以正片、灯光型及日光型底片拍摄，由于无法预见效果（除非用效果不好的拍立得相纸），每次测光都要花不少时间（这张照片由亮至暗部分就相差好几格，若不精确测光，影像就会有过亮或过暗的问题），我曾太在意拍摄结果，而熬夜等待幻灯片冲出，才筋疲力尽就寝。但也正因这未知，彼时拍得很带劲，毕竟能以底片来记录光影、表现花卉，获得漂亮色彩，抒发抽象心境，确实是一个挑战。

这一专题在美国赢得不少大奖，奖金、奖品也填平了我硕士班的学费，柯达公司更认为这一专题具体表现出了他们软片的特质，曾给予相当高的评价。

数码相机，即拍即看，原先复杂的测光不再是问题，就连摄影思维也完全改变，很长一段时间，我竟对拍照不再有兴趣，其实这与平面媒体势微及摄影市场萎缩有关，很多摄影者受此冲击便不再拍照。

以数码相机来拍类似有诸多挑战的"花"专题，就技术而言，已不再是问题，若再搭配计算机软件，会有更多惊人的可能性（也许就是因为有太多可能，让人没有目标，不想再玩），科技让摄影技术门槛低到不知还能学什么。

然而一朵花仍是一朵花，我们怎么观照它（怎么来拍它？）仍富有挑战，恰如人生有千万选择，但如何经营与界定，却与别人无关。走笔至此，竟发觉，"花"专题应以数码，一种全新美学思考模式再拍一回，犹如唐诗感叹楚霸王缺乏大丈夫气概所言——"江东子弟多才俊，卷土重来未可知"。科技犹如江东子弟，底片有如日落西山的楚霸王，但好花仍在且风华依旧，若以数码相机拍花，卷土重来，不知又会是什么局面。

偏绿的水银灯下拍摄人物，就得加上偏橘红的滤色镜，否则画面中的人物就会如鬼片人物般惨绿。

为解决不同光波所产生的色温问题，数码相机有了白平衡设计，除了"手动"白平衡，多数数码相机更有如大脑般的"自动"白平衡功能，它能在各种光线下如大脑般地自动加上滤色镜，让每一张影像的颜色接近正常，虽不能百分之百正确，但只要在拍摄前或事后做白平衡调整，依然能达到校正效果。若说数码相机有如人类的另一双眼，应不算过分。

如人脑般自动加上滤色镜的数码白平衡，大幅延伸了摄影的可能。往昔，因为不同光线条件，摄影师得频频更换底片，日光片、灯光片底片未用完时不是无法替换，就是得以滤镜矫色，拍照效率大减。除了色温，每一卷底片还有感光度问题，底片以ISO来界定它的感光值（类似感光所需时间），低感光度底片需要较长时间曝光，高感光度底片可以较短时间曝光。为此，拍摄运动题材的摄影师，为了在极短时间冻结画面，都喜欢采用高感光度底片；反之，商业摄影师由于在棚内作业，有强大的人工光照明，而喜欢使用有极细画质的低感光度底片，由于每卷底片感光度已设定，摄影师在同一卷底片上不能任意更改感光度，若要更改只有更换底片，不似数码相机可任意单张更改。

自动白平衡、高感光延伸了摄影的可能

数码相机的"风格设定"将所有不同类型的底片全部纳入相机设定里，除了黑白、彩色能事先或事后设定外，以高感光度拍出的画质，更是优于高感光度底片许多。

不再频频更换不同色温及感光度的底片，数码技术扩张了摄影领域，增添了摄影的可能性。底片最高感光度曾到3200且索价不低，若还要更高的感光度只有事后增感一种方法（冲洗时做手脚），然而效果实在不理想。不似新型的数码相机，感光度动辄上万，却仍保有相当不错的色彩表现与解析度，画质更优于原先的高感光底片，至于数码高感光度所产生的噪点（Noise）问题，近年也改善很多，某些计算机软件更能消除这些在我看来颇有另一种风味的噪点。

化装的演员

拍摄模式／光圈优先．光圈 f/5.6・快门 1/30秒．ISO 1600 DSLR-A900（上）

拍摄模式／光圈优先．光圈 f/4.0・快门 1/80秒．ISO 1600 DSLR-A900（下左）

拍摄模式／光圈优先．光圈 f/6.3・快门 1/100秒．ISO 800 DSLR-A900（下右）

摄影小札

我很喜欢京剧，尤其喜欢它的造型，很庆幸能常有机会到后台拍照，这几张正在化装的演员把京剧似假还真的优雅表露无遗。数码相机的自动白平衡设计，是摄影一大福音，照片中正在化装的演员，有的在偏绿的日光灯下，有的在偏红的灯泡下，甚至在LED灯下化装，底片时代，我得不停换滤色镜，否则一定会偏色，数码自动白平衡让我专心拍照即可。

大理白墙

拍摄模式 / 光圈优先. 光圈 f/11.0 · 快门 1/250秒. ISO 200 NEX-5

由于没有可互换的底片，数码感光元件得解决以彩色或黑白拍摄的问题。

数码相机在这方面相当先进，用户可事先在相机上设定彩色或黑白拍摄模式，或以RAW格式拍摄，事后在计算机上调整。这个能调整的设计，让一张曝了光的影像拥有无数可能性。黑白摄影流行好多年，为此德国著名的徕卡相机公司，近年还出了一款索价不菲的黑白数码相机。我对这一设计持保留意见，因为数码影像本就可修整，实在不需要刻意将相机表现领域缩小。

数码相机因为自动白平衡，几乎可在任何光线下拍摄，昔日得经过无数错误累积出的拍摄经验，在数码相机全自动、自行矫正的作业方式下变得无足轻重，先进的数码科技具体延伸了摄影领域。昔日，诸如这种光线能拍摄的疑虑，在数码天地里几乎变得不存在，使得每一个人都能随时随地拍照。

摄影小札

我很喜欢云南，尤其是那儿的气候，干爽极了，在大理近郊游玩时来到一个白族村庄，我以数码相机随手按快门，不似底片，曝光完毕，休想再做任何更动，数码拍摄却不是如此，它可由彩色变为黑白，在色彩调整上有无数可能性。

数码摄影让摄影人更自主，在表现上可以做底片时代无从想象的发挥。

数码技术让摄影的表现更加丰富，更具想象力，摄影者几乎可凭着自己的喜好，重新调整现实的色彩，以达成最接近心理的期待与感受。

底片时代，职业摄影师大多已接受底片宿命，尽可能以既有条件创造最大可能，某些底片难以表现的题材，由于效果不佳，摄影师更懒得去尝试，在一个条件有限的年代里，这样做并不奇怪，但数码技术却改变了这种宿命，它对感光的敏锐度，让过去无法或不想碰触的题材，都有崭新的发挥空间。

数码相机的储存格式

没有底片，CCD或CMOS感光元件以相机外插的存储卡来储存感光影像，数码相机的储存格式大致分为3种。

JEPG 格式：人们最熟悉的储存格式。它的好处是文件小，较不占存储卡空间，然而它是一种具破坏性的文件压缩格式，但随着科技的发展，近年很多JEPG格式的文件，在压缩失真方面已有很大进步。

TIFF 格式：一种无失真的影像储存格式。由于这种格式很占存储卡空间，很多相机已不再支持这种储存格式。

RAW格式：所有专业摄影家都爱使用的格式，所谓的RAW格式，顾名思义就是保留了影像拍摄当时的所有信息，这一格式除了较占存储卡空间，另一个不便之处是它得用相机公司提供，或特殊软件打开。

有人将RAW格式比喻为底片，这比喻不大恰当，一张曝光完成的底片只是张底片，它能再做的修正、改进非常有限，但RAW却不是，这张曝了光的文件保有拍摄当时的所有信息，为此对它可以做许多调整，例如彩色风格调整、校正色温、曝光加减，而不破坏它的原始信息。

RAW格式的文件的色阶、明暗可以在计算机屏幕上，透过一般目视微调，大功告成后只要再以JEPG或TIFF格式将影像输出即可，一张"已曝光"的影像还可以有这么多可能，底片时代无从想象。

美国的黑白摄影大师安瑟·亚当斯（Ansel Easton Adams，1902—1984），20世纪为了解决黑白底片在冲洗时的曝光反差问题（亮部、暗部都能保有细节），而发明了众所皆知的ZONE SYSTEM（分阶曝光法），这套方法及理论在数码时代、RAW格式眼里已属过气小儿科，不提也罢！

| 高ASA示范 |

香港街景

拍摄模式／光圈优先. 光圈 f/4.5·快门 1/30秒. ISO 6400
DSC-RX1（上）
拍摄模式／光圈优先. 光圈 f/4.5·快门 1/80秒. ISO 800
DSC-RX1（下）

除了白平衡设定，数码感光元件，另一个得解决的就是感光度设定。为了在光线较暗时仍能手持拍摄，数码高感光度设定非常惊人，虽有杂讯问题，但底片摄影师大多公认数码相机以高感光度拍摄的影像，无论是颜色及解析度都优于底片。

数码技术的发展一日千里，恼人的杂讯问题，今日已获得解决——利用软件。能够以高感光度手持相机拍摄且获得不错的画质，增加了摄影选题范畴，更为摄影增加了万千可能性。

摄影小札

摄影与科技的发展息息相关，所谓的"决定性瞬间"背后却有很多由不得人的客观条件，底片时代，除非是有特殊企图，我几乎不会在这种光线下手持相机拍照，高感光度底片度数有限，价钱不低，效果又不好，不拍也罢。

我在香港上环附近往上爬阶梯，回首时随意按个快门，竟发现效果很好，于是继续拍摄，这张以ISO6400高感光拍摄的影像，几乎看不到噪点。

能以这种设定获得如此精良的影像，全然改变了摄影的模式，就以底片为例，由于没有如此高的感光度底片，为获得较佳画质，我一定会将相机锁在三脚架上，长时间曝光，如此便大大降低了机动性，而且画面中行走的人物由于长时间曝光，一定会模糊。然而这张手持拍摄的影像却让我明白，即兴街景题材大有可为，一个前所未有的数码美学正在孕育之中。

京剧表演

拍摄模式 / 光圈优先，光圈 f5.6，快门 1/500秒，ISO 6400 DSLR-A900（上图）

拍摄模式，光圈优先，光圈 f4.0，快门 1/500秒，ISO 1600 DSLR-A900（上图）

拍摄模式 / 光圈优先，光圈 f6.3，快门 1/400秒，ISO 1600 DSLR-A900（右图）

摄影小札

我躲在剧场边幕上偷拍台上的演出，在这我既不能出声，更不能挡到演员的路。为想冻结台上演员的瞬间，我刻意以高感光度拍摄，这是台较旧的数码机种，可发现影像因高感光度有很多杂讯，但我挺喜欢这种感觉，它有点超现实，像一种遥远印象的梦境再现。舞台摄影是一种很刺激的工作，拍照时，我就像台上的演员，一刻也不能大意，深怕错过永不重返的精彩瞬间。

| 高解析度示范 |

香港庙宇

拍摄模式／光圈优先．光圈 f/5.0 · 快门 1/80秒．ISO 5000
DSC-RX1

底片时代，很多摄影人最喜欢讨论影像解析度，例如使用何种底片、镜头、光圈会得到最佳质地的问题。数码时代，我极少讨论这话题。

然而使用先进的数码相机摄出的影像，仍让我惊讶，如这张在香港某庙宇拍到的照片；以高感光ISO5000拍到的影像，在极度放大后却依然能见"义金箱"上的小字。这些小字，不要说我在拍摄现场看不到，就算看到也不会在乎。然而当我坐在计算机屏幕前披挂看到这些小字时，仍为数码高感光解析度讶异不已，我不免思考，当器材能做到这程度时，摄影人该精进的又是什么呢？

摄影小札

我很喜欢宗教建筑里的光线，香烟缭绕的复杂光源，往往能成就只有心灵能感知的神秘空间。宗教建筑里可见到人性各种面貌及需求，我在香港这间小庙，看见华人普遍求取功名的企盼。

总有人抱怨摄影变得这么容易却不知拍什么好。

生活周遭到处是入镜的题材，例如我对基督教以外的认识与涉猎甚少，为此仅做一个形式记录都有困难，更不用说借影像内涵表现观感。

走笔至此，猛然惊醒，这世界上还有很多有待认识的事物，它们都是值得去挖掘与耕耘的大命题呢！

数码相机曝光影像除了有很多可能性，它的画质与底片相比有过之而无不及，例如一台35mm全画幅规格的数码相机，照片可轻易输出至100寸仍保有极细的解析度，而135底片想要放大到60寸就相当吃力，再大几乎不能。

方便、功能庞大又环保的数码暗房

数码相机拍摄的照片也优于底片冲洗出的照片。

数码照片在计算机屏幕上一目了然，诸如色调、反差，全可在计算机上微调，不似底片得在全黑、伸手不见五指的暗房进行，在放大机上调整滤色片，矫正色彩，一张底片在正式冲放前还得经过一道道试片工序，费事耗神，非常不经济，由于是类比作业，下回即使放同一张底片，原先的冲洗数据也仅能参考，届时还得重新再来。数码影像由于是数码数据，每一张影像，无论间隔多久输出，就像复制音乐CD一样，都能复制得一模一样。此外调整好的数码影像，除了可印出照片，更可以不同材质输出，且价钱合理。

数码暗房非常方便，它对环保更有极大贡献，没有底片，不再需要冲洗，更不再使用有毒药水，存储卡又可重复使用，节省地球资源。

无须以底片或冲出的照片来检视影像，数码相机从LCD屏幕或取景器里来检视曝光影像，由于可立即看见所拍影像并做出修正，摄影师们已不用担心曝光是否有误。底片时代，许多商业摄影师用来做测光参考，可立即显影的拍立得相纸（有感光乳剂）也因此寿终正寝。

台南西门市场

拍摄模式／光圈优先．光圈 f/4.5·快门 1/50秒．ISO 1600 NEX-7

摄影小札

我从小就很喜欢台湾的传统市场，总觉得那是个庞大而有趣的民生博物馆。

生活有许多内容，摄影正好可以为我们表现与记述这些面貌，更进一步表现对这内容的态度与感受，能在一个客观现实里发掘出一个独特空间，令人着迷。

数码相机很厉害，若配上一支精良的镜头更是如虎添翼，在计算机屏幕前检视这些没有放太多心思的影像，竟发现墙柱上求自庙宇的符签，其上的小字清晰可见。

有人说从一朵小花能看见天国，我的解释是，只要愿意，我们能自微观事物中看见一个宇宙，一个总被我们忽略的世界，令人惭愧的是它是如此丰富却又俯拾即是，一朵小花都能得见天国，那一个再熟悉不过的市集呢？

数码预视功能

目前市场上的"无反光镜"以及"半透明反光镜"可换镜头数码相机，同样借由镜头传递影像至感光元件上，为此它拥有一个传统光学观景器无法做到的预视功能——Live View，只要打开此设定，就能在按下快门前自取景器或LCD屏幕，看见影像曝光的明暗度，进而调整影像的曝光数据（EV值），在按下快门前就清楚地看见影像最终的曝光模样。这一功能在拍摄光线反差较大或较暗的主体时非常好用，它几乎是能让拍照者绝不失手地获得理想曝光，底片时代长期自失败中累积的测光经验，在数码相机立即可见的功能下已变得荡然无存。这些强大的数码功能更加强了摄影的可能性。

| Live View 预视功能示范 |

茵斯布鲁克皇家教堂

拍摄模式／光圈优先. 光圈 f/3.5 • 快门 1/80秒. ISO 800 SLT-A77V

早期的数码单反相机，每拍一张影像，就得从LCD屏幕中去检视影像曝光度，调整曝光设定后再拍一张。现行的可换镜头数码相机，包括单反与无反光镜可换镜头数码相机（或称微单），大多可以用即时预览（Live View）功能进行拍照，并且有部分机型在按下快门前，便可精准预视曝光、白平衡、风格色调等。马上进行修正，不必在按下快门后再从LCD屏幕检视修正，大大提高了拍摄效率。这在光线复杂、抢快门的时刻，更是好用，摄影者可自LCD屏幕中，看到曝光亮度，立即做出修正，不错过任何一个瞬间。由于能预先看到曝光结果，昔日底片相机非常强调的测光方式与训练，反倒不那么重要了。

茵斯布鲁克皇家教堂里的小教堂是昔日皇族的私人教堂。由于是逆光拍摄，我除了要慎选测光模式，还得用包围曝光法多拍几张才能获得一张曝光正常的影像，但数码相机的Live View预视功能，让我从取景器和LCD屏幕内就可预先看到影像，除了节省拍摄时间，更可以微调到我想要的曝光亮度，有了预视功能，想拍到一张曝光不正常的影像都变成了一件不容易的事。

摄影小札

底片时代，我曾大费周章地拍摄茵斯布鲁克皇家教堂。这座外观不起眼的教堂是茵斯布鲁克最重要的观光景点之一，因为教堂里有哈布斯保皇室的陵寝，环绕在迈克西米连一世陵寝的巨大雕像，是阿尔卑斯山以北最壮观、动人的铜雕艺术杰作。教堂内由于光线不强，昔日为拍摄内观，我总是需要将相机架在笨重的三脚架上，几台相机加上大批底片，我几乎将整个工作室扛在身上，除了引人侧目，作业更是不方便。此外为获得正确曝光，我更得"杀"掉无数底片，相当不经济。

不过十年光景，当我拿着轻便的数码全画幅相机旧地重游拍摄皇家教堂，甚至拍到比底片还优质的影像时，心中无限感慨：科技将摄影的门槛降到如此之低，虽让大部分职业摄影师丢了工作，但人人却因此可以接触与喜欢摄影，未尝不是一件好事。

什么光线都能作业示范

没有了底片，数码感光元件的自动白平衡、自动感光度，让我们反而在任何光线下都可以拍照。不再受底片的设定牵制，更可以专注在影像的拍摄上，让我们对身边一切更加敏感，只要愿意，周围全是可以入镜的题材

萨尔斯堡

拍摄模式 / 光圈优先．光圈 f/3.5．快门 1/13秒．ISO 1600 DSLR-A900

摄影小札

我来到萨尔斯堡某处的小教堂。里面的光影，尤其是灿灿的烛光，虽然偏黄，却更能表现教堂胜境。

里昂

拍摄模式／光圈优先. 光圈 f/4.5 · 快门 1/125秒. ISO 3200 DSLR-A900

底片在记录光线方面有许多先天宿命，为此很多题材，昔日能不碰就不碰。
强大的数码科技，加上可一再重复使用的存储卡，让我们拍起照来全无后顾之忧，昔日，
这样的景象，我大多不会浪费底片来拍它，更由于得架设三脚架，不拍也罢。然而我以数
码相机全自动来拍摄，竟有不错的效果，若说数码技术扩大了摄影领域，应不为过。

摄影小札

我很喜欢位于法国中部的里昂，整座城市优雅丰饶，却没有巴黎的拥挤与盛气凌人。法
国人很懂得如何装饰自己的生活居所，就连城市街道上，都设计流动的喷泉、流动的
水，夏天除了能消暑，冬夜更会绽放炫人的光芒，高科技的数码相机在生活采风的捕捉
上已达炉火纯青的地步，一张随性按下快门拍摄的影像，光影交错的兴味盎然。

PAIN DES PAUVRES.

MERCI

1,50 €

巴黎圣母院

拍摄模式／光圈优先．光圈 f/6.3・快门 1/15秒．ISO 800 NEX-7（上图）

摄影小札

巴黎圣母院因为信徒太多而有专门清除蜡烛的工作人员，我很喜欢这张光影构图。任何光线都可拍摄的数码摄影让我享受极大的拍照乐趣。

巴黎

拍摄模式／光圈优先．光圈 f/2.8・快门 1/50秒．ISO 800 NEX-7（左图）

摄影小札

我随意走进一间巴黎的教堂，对着祭坛上的圣安东尼雕像拍摄，他是西欧很受欢迎的圣人。这位圣人的主要教堂在威尼斯附近的帕多瓦，我任意按下快门竟发现影像的品质极佳，包括明暗层次，就连色彩与解析度都非常出色，当底片摄影师抱怨数码技术将摄影玩完时，事实证明，它反而扩大了摄影的领域。

可翻转的数码LCD屏幕增加构图可能

数码相机的LCD屏幕，是一个伟大的发明，近年LCD屏幕除了越做越大，某些数码相机的LCD屏幕还可上下左右任意翻转，让摄影者有不同以往的取景构图方式，例如可将相机举过头或放至地面，却依然能从翻转屏幕中看清楚拍摄主体，使取景构图有更多可能。

数码摄影取代了底片摄影，也大幅延伸了摄影的可能，所有底片具有的条件，数码不但保留，还全然超越了它。数码相机最大的成就是让任何人拿起相机就可拍照，就像提笔写字那样容易，它更改变了多年的传统摄影美学。

数码相机改变了摄影美学

数码相机是一台具有摄影功能的小计算机，它不仅能拍摄静态、单张的影像，更可以进行连续高画质的电影录制。部分新款的相机更可以透过快门的设定，定时持续地拍摄影像，制作出仿佛时空飞逝的"缩时摄影"。传统相机，快门按下去后再也不能重来，"瞬间即永恒"，此外底片摄影在拍摄完成后，能再做的修改极其有限，不似数码摄影，一张拍好的影像是一个可以再处理、修改甚至再创造的，例如所有较新型的数码相机就附带修改影像软件，将才摄得的真实影像变得一点也不真实，若再搭配计算机软件，它的可能性更是无可限量。数码由于可以立即观看拍摄结果，摄影由原先按下快门的过去完成式，变成可无止境发挥的现在进行式，传统摄影所强调的真实记录，在数码摄影已是个不再被重视的议题。在美学表现上，数码摄影也越来越主观，以满足自我为中心，有时竟一点也不在乎它究竟是"拍"出来的还是"做"出来的。

咖啡馆中的老人

拍摄模式 / 光圈优先. 光圈 f/8.0·快门 1/400秒. ISO 200 NEX-7

可翻转的LCD屏幕增加了拍摄的可能。

较新型的数码相机，机身上的LCD屏幕大多可翻转，有的甚至可转360°自拍！这一小发明增添了摄影取景构图的可能，例如我们可以将相机举过头，借着往下翻的LCD屏幕查看所拍内容，更可以将相机放在地上，低头查看LCD屏幕影像；另一个妙用是，我们可以将它翻至水平，假装在低头观看，把眼前事物拍摄下来。这张摄自法国乡间某咖啡馆中的老人像，就是靠这一功能，未惊扰被摄者的传神记录。

摄影小札

数码相机越做越小，为此我常机不离身地带着出游。

来里昂拜望神父，我们一行人到一家小餐馆用餐，窗外一位在等待食物的老先生，正尽情享受午后春阳。隔着一段距离，我故意将相机LCD屏幕调至水平，对着LCD屏幕仔细端详这位老人，连坐在我身边的神父都以为我在调整相机而不是在拍照；而窗外，老先生借着这翻转屏幕如此亲近却又保持距离地被拍摄下来。

后台

拍摄模式 / 光圈优先. 光圈 f/5.6 · 快门 1/200秒. ISO 1600 NEX-7（上图）
拍摄模式 / 光圈优先. 光圈 f/8.0 · 快门 1/100秒. ISO 3200 NEX-7（右图）

可以对着与演员高度相同的LCD屏幕构图，大大增加了摄影的可能性。

我很喜欢图右的构图，影像中演员只占了画面的右半部，左边整个留白，非常有创意。即拍即看的数码相机，越来越像一支画笔，拍摄者几乎可随心所欲地任意发挥，非常有趣，数码摄影时代，千万不要被一些传统的摄影构图概念绑住，大胆却不故作新奇的构图，往往会得到出其不意的美丽效果。

摄影小札

拍照向来是单只眼睛对着相机取景器按快门，数码LCD屏幕打破了这种模式，它让眼睛不用盯着小取景器，而能保持距离地从屏幕（甚至是可翻转的小屏幕）来取景构图。

从相机取景器构图取景，受限于眼睛高度，由于LCD屏幕可翻转，我故意将相机放至演员的高度，不用蹲下来。我单手操作相机，让正在化装的演员一点也没有压迫感，更真实自然地拍出当下瞬间。

全景拍摄模式示范

新型的数码相机也有全景拍摄模式，它是真的全景摄影，而不是昔日故意将影像上下撷取，有名无实地制造全景效果。新型数码机的全景模式，可从左至右、右至左、上至下地连续按快门后，相机再以内建软件将影像连接起来，获得货真价实的全景摄影。由于是接起来的影像，照片可以大尺寸输出，效果壮观。

威尼斯

拍摄模式／全景模式．光圈 f/10.0 · 快门 1/200秒．ISO 100 SLT-A77V（上图）

摄影小札

虽然有全景拍摄模式，我总是忘了使用它，感觉它像玩具。这样的说法，对有此功能的相机不公平，底片时代，为了拍摄能涵盖更大视角的全景摄影，还有专用相机，且价钱昂贵。

如今这一功能已成为一般数码机种都具有的了，传统相机越来越无法生存。

数码相机的全景拍摄模式并不支持RAW格式，只能以JEPG格式储存。

我在威尼斯的Palladio小岛上的大教堂钟楼顶端，向对岸圣马可广场拍过去，全景拍摄模式让我只要移动相机就能拍摄一张全景图，真是过瘾，只是观光客对我这如扫射机关枪般的拍摄模式大感不解？直问这是什么玩意？

巴黎

拍摄模式／全景模式．光圈 f/8.0·快门 1/100秒．ISO 100 NEX-7（下图）

摄影小札

我在巴黎修道院顶楼对着正对面的埃菲尔铁塔做全景摄影，底片时代还有很昂贵的全景相机，早期数码相机仍有切掉上下画面的假全景摄影，而今的全景摄影，却真的是连续曝光再以相机内建软件接起来，是十足的全景。

马谛斯的雕刻

拍摄模式 / 全景模式. 光圈 f/11.0 • 快门 1/250秒. ISO 100 SLT-A99V（上图）

摄影小札

某位艺术家将马谛斯的画变为立体雕刻，艺术家就在这群立体的裸女间，我故意以全景拍摄，来表现这大饱眼福之人的惬意。

台南安平

拍摄模式／全景模式．光圈 f/5.0．快门 1/100秒．ISO 100 DSC-RX1（下图）

摄影小札

以全景摄影模式拍摄风景真是好用，这一张安平夕阳，就因为是全幅画面才有更动人的表现。

华盛顿的樱花

拍摄模式 / 全景模式．光圈 f/6.3 · 快门 1/250秒．ISO
100．200.0mm DSLR-A900

数码技术除了使拍摄模式改变，最伟大的
地方是它建立了所谓日间暗房，摄影家们
从此不用再躲在暗无天日的暗室里调整、
冲放照片。除了不再依赖功能有限的放大
机，摄影师们在计算机屏幕上对影像的处
理比从前有更多自主权。利用调整影像的
软件，让我们可以精调每一张影像，包括
明暗、色彩、对比、反差等都可以从计算
机屏幕上一一设定。以这张影像为例，就
可做出许多调整，由于篇幅有限，我不再
另做范例示范，读者们只要借相机公司提
供的软件，随便以一张影像尝试，就可以
知道它的效果。

摄影由按下快门即完成的作业模式（尤其
是幻灯摄影）延伸至暗房后制作，今日摄
影师不仅要懂得拍照，更要学习计算机，
熟悉数码作业，增加不少负担，然而在一
个谁都可以拍照，高度竞争的数码时代，
数码技术增加了摄影的可能与自主性，这
样的负担除了有趣也相当可取。

摄影小札

华盛顿的樱花举世闻名，一直要到樱花盛
开，美东的春天才真正到来，我很喜欢这
张影像，我故意不拍摄樱花盛开、花团锦
簇的样子，而以它的树干为主景，前面点
缀零星的樱花，树后面的人让这张影像有
点寂寥却不失浪漫，我甚至觉得整张画面
因为这样的布局，很有日本浮世绘版画的
效果。

Chapter 3

摄影
基本知识

学习摄影得建立根本观念，那就是双眼能看见东西，除了眼睛的构造，是因为这世界有"光"，若没有光，我们什么也看不见。若单从器材方面思考摄影，再先进的数码相机，也不过是一部"光"的记录器。

没有"光"就不会有摄影这回事，清楚这一观点，摄影爱好者就可以轻易地找到入门开端。

摄影基本原理

　　科技让摄影变得容易，数码技术出现之前，由于得靠涉及物理、化学的底片记录影像，想拍得一张曝光正常、表达所思所感的影像并不容易，如此不便却也成就了一双双犀利的摄影眼。

　　数码相机由感光元件感光与记录影像，它摄取影像的运作方式，例如光圈、快门组合与底片摄影差不多。但由于数码影像太容易猎取，从未接触过底片摄影的爱好者，总是知其然而不知其所以然，不知影像如何成像？若对"摄影"运作有基本认识，读者除了对数码相机复杂设定不再生畏，更容易驾轻就熟，善用它拍出动人影像。

　　"工欲善其事，必先利其器。"在使用一台高科技的相机拍照时，有必要把摄影的基本观念厘清。我将以有趣、化繁为简的方式，来讲述每一位摄影入门者都该了解的观念。

　　学习摄影得先建立根本观念，那就是双眼能看见东西，除了眼睛的构造之外，是因为这世界有"光"，若没有光，我们什么也看不见。人类的双眼有如精密且灵敏的光学系统，进入眼中的光线经过透光的角膜、虹膜、水晶体和液态玻璃体的折射，成像于视网膜上，视网膜将信号沿视神经传送到大脑。这个复杂的构造，恰如相机的镜头，透过玻璃将光线导入机身，一如视网膜上本是倒立的影像经过大脑判读时自动转换成正像，相机里的五菱镜同样把镜头导入的倒立影像转为正像。底片与数码感光元件，恰如大脑，只是它们能将光导入的影像变成随时可见的实质影像，而不是脑海中的记忆。

罂粟花

拍摄模式／光圈优先．光圈 f/5.0 · 快门 1/160秒. ISO 200 SLT-A99V

摄影小札

萨罗满身上最美的装饰都不及野地一朵盛开的花——《圣经》。
拍照在数码技术的加持下变得很简单，有时甚至因为太容易而让我们懒得按快门。
我的小花园里有许多植物，美国东部四季分明，常年生的花一到冬季就干枯殆尽，然而地下的生命并未停止，春雪一融，美艳的罂粟花嫩芽自土中钻出，宣告春天终于到来。

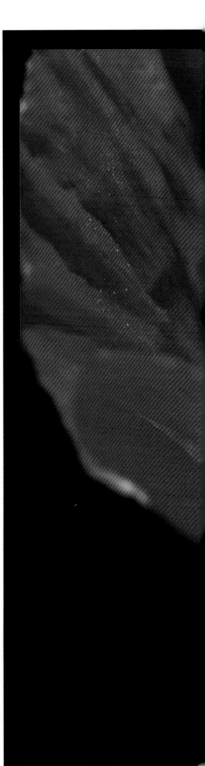

1/160   f/5.0   –5 ‖4 ‖3 ‖2 ‖1 ‖0 ‖1 ‖2 ‖3 ‖4 ‖5+   ISO 200

1/第一讲

摄影自"取景器"开始

　　"摄影"应用广泛，我们为影像的世界目眩神迷，却极少思考它的起始处竟是那一个小小的相机取景器，我们从这个外人无法窥见的格窗里（相机的"取景器"或LCD屏幕），深情凝视被攫取的天地，相机不过是将这个画面永远冻结的工具。对摄影家而言，相机取景器看到的世界是一个永志不忘的宇宙。

　　弹吉他的人大多从C、Am、Dm、G7四个简易和弦开始练习，摸出兴趣来了，再学习更复杂的和弦指法，最后就可弹出行云流水般的美妙乐音。

　　摄影也是这样，请把相机取景器或LCD视窗，想象成摄影的起始处，而所谓摄影技术（例如光圈快门的搭配），不过是更确切的将取景器景物，真实或超现实（例如改变曝光明暗）地记录下来，至于涉及美学的摄影技巧，更是视窗视野眼到、心到的具体表现。

勺药花

拍摄模式 / 光圈优先. 光圈 f/8.0 · 快门 1/250秒. ISO 200 SLT-A99V

摄影小札

勺药花同样来自我的小花园，在世界各地工作时，我最牵挂的就是园中的花草。

勺药春末开完花后，夏日就要上场。种勺药要有耐心，它们的根茎入土后，往往要经过三四年，根茎茁壮才开花。植物在这方面是善于等待的，未成熟前它们绝不绽放，学习摄影也得沉住气，但与植物成长相较，摄影还是容易许多的。只要有清楚的摄影入门概念，不用等三四年，我们就能在摄影的领域开花结果。

勺药花期不长，尤其是开花时节，常碰上春雨绵绵，顶多两三天就落入地表化为春泥。我以特写近摄方式记录它的风采，更感谢它每年都信实地向我传递春的信息。

在影像如此泛滥的今天，有心想好好拍照的人已不多，然而能拿着相机专注于表现一朵花的气质，值得感恩。这世界变化得太快，春阳下第一朵盛开的花，为繁杂的生活带来了最美的惊叹号！习以为常的生活里仍有太多被人遗忘、忽略的瞬间，那一个谦卑的存在美感，隐藏着生命最美的见证。

1/250   f/8.0   −5 ‖4 ‖3 ‖2 ‖1 ‖0 ‖1 ‖2 ‖3 ‖4 ‖5+   ISO 200

1/320   f/9.0   −5 ‖4 ‖3 ‖2 ‖1 ‖0 ‖1 ‖2 ‖3 ‖4 ‖5+   ISO 200

2 /第二讲

摄影是"光"的记录

学习摄影，首先要明白的就是——没有"光"，不论那个东西是否近在眼前，都看不见！我们能看到这个形形色色的世界正是因为"光"。

"摄影"（Photography）一词源自希腊文，意为"用光绘画"。希腊人的这一理念，在19世纪，底片发明后才得以实现。20世纪末，数码相机又以感光元件取代底片。相机借着镜头聚光，将影像传达到底片、数码感光元件上，最后才将光传递的影像记录下来。

若单从器材方面思考摄影，无论是底片还是数码相机，它们都只是一部"光"的记录器，为此数码相机所有复杂的设定几乎全围着"测光"与"储存影像"（由于没有底片）主题打转，如果相机拥有者了解"摄影是光的记录"，再复杂的相机设定，只要按着说明书操作，都将变得容易很多。

没有"光"就不会有摄影这回事，秉持这一观念，摄影爱好者就可轻易找到入门开端。

威尼斯

拍摄模式／光圈优先．光圈 f/9.0・快门 1/320秒．ISO 200 SLT-A65V

摄影小札

威尼斯为什么这么漂亮？除了特殊的景观，就是亚得理亚海的阳光，那阳光质地有如经过精密切割的水晶反光，如果少了这剔透的阳光，水都不会教人如此着迷。"光"是我的摄影启蒙，如果没有灿烂的光影，我不会有按快门的冲动。威尼斯最漂亮的活动风景，就是无所不在的船夫，我在运河上的一座小桥，守株待兔般地等待猎物入镜，欸乃图中穿过小桥的船夫，手指着左方景点的模样，将水都浪漫点化得无以复加。

3 / 第三讲

相机借着被摄物件反光测光

相机既然是个光的记录器，那么它如何测光？

我们得以看见东西，除了有光，更重要的原因是被光照射的物件会反光所致。

多数人有夜晚被东西绊倒的经验，就是因为绊倒我们的物件反光较低，让我们看不见，若那东西有明显反光，人们将会避开。

相机依物体的反光量来测光，每一件物体，因材质、颜色、观看角度不同而有不同程度的反光，例如镜子几乎是100%反光，颜色较暗的物件反光度较低，为此相机就以物体的18%的反光量为测光标准，反光较低的灰色卡片大约是这样的反光量。

旧式相机常被反光程度不一的物件欺骗，做出错误的测光。就以这张色彩缤纷的照片为例，若单独对着画面中不同色块的墙壁，甚至水波测光，由于反光程度不一，定会得到不同的测光数据，然而不管这些数据有多大差异，它的光源只有一个，那就是头顶上的太阳，它并没有在红墙上少洒一些光，在水波上多洒一些光。

底片时代由于不能立即看到所拍的结果，为获得正确曝光，相机都有测光功能，测光的范围依大至小分别有：多区分割（矩阵测光）、中央偏重测光及中心测光等模式，数码相机由于能即拍即看及预视，获得正确测光已不再是难事，这几种测光功能反倒不那么重要了。

布兰诺小岛

拍摄模式／光圈优先．光圈 f/7.1 · 快门 1/640秒．ISO 100 SLT-A77V

摄影小札

到威尼斯，你一定得到邻近的小岛布兰诺来，美丽的小岛因为五彩缤纷的房子成为观光重镇，它让人有置身图画里的美好错觉，喜欢摄影的人可以在这里大玩形式光影的构图游戏，美丽的小岛即使在严寒冬日，只要有阳光，也会洋溢着生命的活力。这张影像因为右下角的一个小人为对角线的构图增添了变化趣味。

1/640   f/7.1   –5 ‖4 ‖3 ‖2 ‖1 ‖0 ‖1 ‖2 ‖3 ‖4 ‖5+   ISO 100

4 / 第四讲

保有明暗层次——正确曝光

　　一张颜色饱和的影像来自正确的曝光，那么什么是正确的曝光？就影像本身而言，就是画面亮部、暗部都保有丰富的层次。摄影获得正确的曝光来自相机镜头光圈与快门的搭配，这一运作模式就像我们的双眼，瞳孔如相机的光圈，会随着光线的明暗放大或缩小，光线暗时，瞳孔会放大，让多一点光线进入；反之，光线亮时瞳孔就会缩小。快门犹如光线进入瞳孔所需的时间，我们一定有如下经验：在比较暗的地方，我们常对别人说让我再"看一下"，这看一下的时间正是瞳孔需要多一点光线进入。我们的大脑是连计算机都无法匹敌的精密仪器，它会随着光线明暗自动调整瞳孔大小及光线进入需要的时间，若它不会自动调节，我们的双眼将会严重受损。

　　数码相机多已必备如大脑般能自动调整光圈、快门的全自动模式，然而对摄影有更大野心的人，大多喜欢自行搭配光圈、快门组合，这部分内容将在下一讲讨论。

里昂近郊

拍摄模式／光圈优先．光圈 f/8.0・快门 1/200秒．ISO 200 NEX-7

摄影小札

我到里昂近郊拉图雷特修道院拜访神父，我们到修道院附近小镇用餐，路过镇上的教堂前小巷道时，赶紧按下了快门。这张影像是很好的正常曝光说明，从阳光直接照射的教堂正面到阴影下的巷道都有很丰富的层次。底片时代，如此高反差的光线，我们常常得使用包围曝光法，上下加减半挡及正常曝光，以获得一张曝光正常的影像，数码相机的预视功能，已可预见曝光效果，再也不须使用此曝光法。底片时代，尤其是使用幻灯片时，我们可故意加减曝光数以改变现实色彩的浓度，数码时代，想玩这种游戏在计算机屏幕前即可。

左下左这张影像是典型的曝光过度，亮部层次除了不见，整张画面平淡得没有反差，左下右又曝光不足，暗部根本没有层次。底片时代，为了获得正确的曝光，摄影师大多会使用较浪费底片的包围曝光法（一张影像，上下加减半挡各拍一张，有些极端的光线，更有上下加减多挡各拍一张，以获得正常曝光的影像）。数码相机，若以RAW格式拍摄影像，曝光宽容度相当大，它们几乎有4挡左右的宽容度（曝光过度或不足两挡都调得回来），这可是底片时代无从想象的事，然而若以压缩的JEPG格式拍摄，曝光有问题的影像，救回的机会就相当有限了。此外，在光线明暗差异极大的情况下，部分新款的数码单反相机具备HDR功能，即按下快门后，同一个画面会正确记录亮部、暗部与标准的各曝光一张，再经由相机软件将它们合成一张，同时保有亮部与暗部的层次。

5/第五讲

镜头光圈、快门的关系——景深

任何一张精彩、不精彩的影像都是经由光圈、快门的组合拍出的，要拍出成功的影像首要条件是曝光正常，很多精彩的影像来自光圈、快门的合理搭配运用。例如运动摄影，为了高速凝结画面，就会尽量调快快门曝光时间，但由于曝光时间缩短，自然会以光量进入较多的最大光圈来拍摄。拍摄夜景，有时为了故意制造车灯轨迹的效果，为避免相机晃动，我们会将相机锁在三脚架上，缩小光圈拍摄。由于摄影是光的记录，只要光圈、快门搭配得宜，很容易拍出有别于现实或所谓超现实的效果。

镜头光圈有如人的瞳孔，光圈大小决定光量进入感光元件的多寡，决定光进感光元件时间长短的快门则在机身之上。数码镜头及机身，都不再有光圈、快门刻度供调整（除非是刻意作成复古机种），而是借由机身上的转盘来调整光圈大小及快门时间。

光圈有1、1.4、2、2.8、4、5.6、8、11、16、22、32不等，快门则是B门（低于一秒的曝光）1、1/2、1/4、1/8、1/15、1/30、1/60、1/125、1/250、1/500……逐次往上，之间仍可微调。对于快门时间底线，以手持稳定为准，光线阴暗之处，若不锁脚架，我们都会以高感光度拍摄，主要目的是为缩短曝光时间，以维持画面清晰。如果你还是不懂"稳定"的重要性，且试想，我们双眼看东西时，眼珠几乎都是静止状态的，如果眼珠动个不停，除了看不清东西，整个人更会处于极端危险的晕眩状态。

数码相机有许多繁复的设定，因此使初学者全然忘了，影像得以成像，除了感光元件，就是光圈与快门的搭配组合，这些组合更成就了相机测光与拍摄模式，先进数码相机衍生出的最大危机，就是让初学者过度依赖它。除了个人的识见修养，摄影美学其实有一大部分来自光圈快门的搭配，例如，昔日我很喜欢使用较小的光圈，以获得最佳解析度，而今，数码全自动搭配的便利，已让我不再坚持这美学，但对于刚刚接触摄影的朋友，光圈、快门及景深相关知识与概念，仍是摄影必修的功课之一。

6／第六讲

光圈或快门优先？

数码相机有不少拍摄模式供选择，它们往往以 ▦▦▦ ❧ ❀ ⚘ 符号显示，这些不同功能的拍摄模式，说穿了不外乎是光圈与快门的搭配组合，例如，特写（近拍）、人像模式：为了凸显主体而缩短景深、模糊背景，而以大光圈为优先，再搭配适当快门；运动模式：为了将动作中的画面凝固而以高速快门为优先，再来搭配适当的光圈。我由于很少拍摄活动、抢镜头的主题，故常以光圈优先做我的拍摄模式，极少以手动模式来拍照。数码时代，为了在任何光线下都能拍照，有时我干脆用P（程式自动）模式，那就是相机除了为我搭配光圈快门组合，就连感光度有时都自动搭配，让我专心拍照就好。

光圈、快门、感光度，影像拍摄的基础条件就架构在这三项设定上，涉及曝光量的EV值，就是在光圈或快门上做微调，它们或是多1/3挡（光圈加大1/3挡，或时间延长一点）、半挡，甚至一格；反之，或减1/3挡、半挡，甚至一挡，一张影像就是在光圈、快门、感光度的组合下拍出的，它们虽不复杂却能制造无限可能，将现实变为超现实，正因如此，摄影才这么好玩。

| 快门示范

拍摄模式／快门优先．光圈 f/6.3・快门 1/125秒．ISO 400 NEX-7（上）
拍摄模式／快门优先．光圈 f/36・快门 1/5秒．ISO 400 NEX-7（下）

快门除了决定相机曝光时间长短，另一个功能则是凝固影像的动作，这二者关系相辅相成，例如拍摄体育活动的摄影师，就是光线明亮时，仍会以最大光圈、高感光度拍摄，以缩短曝光时间，清晰冻结高速移动的影像。
摄影是光的记录，相机既无感情也不具有忠诚度，它只是老老实实地记录光线，然而摄影者若知道如何搭配光圈、快门，拍照时就能创造出有别于现实的画面。
右上图的影像以1/125s拍摄，以太阳能驱动的小人偶虽然在动作，却仍被高速冻结，反之右下图的影像以1/5s拍摄，动作中的小人则变模糊，由于光线进入的时间变长，光圈开得很小，因此画面景深连小人偶身后的纱窗也看得非常清楚。

7 / 第七讲

相机的眼睛——不同视角的镜头

镜头种类很多，因为视角与用途不同而有许多选择，其中接近人单只眼睛约45°视角的是"标准镜头"。焦距低于标准镜头的称为广角镜头（视角较广），焦距高于标准镜头的则称为长焦镜头（视角也较窄）。现在的数码单反相机，因感光元件片幅不同，因此标准镜头的焦距也不同，如35mm全画幅的标准镜头焦距为50mm，APS片幅的标准镜焦距为35mm。近年来，很多摄影爱好者多会选用涵盖多视角的变焦镜头（Zoom），有的变焦镜头更是从广角到长焦一镜到底，非常方便。此外，镜头也包括微距摄影的微距镜头和其他特殊功能的镜头，例如拍摄鸟类，大炮型的长焦镜头就不可少。不同视角的镜头往往能影响画面的叙事风格，即使是同一个主题的画面也因不同的视角而有全然不同的诠释。

镜头对摄影美学有决定性的因素，底片时代我非常喜爱50mm的标准镜头，因为我很喜欢四平八稳地把主体看清楚。昔日，我有几支非常喜欢使用的镜头，有了数码相机后，我大量使用方便携带的变焦镜头，已不那么在乎镜头的视角，只在乎它能否拍出我要的感觉，然而我仍是很怀念，甚至有时使用不能换镜头的相机，以它有限的视角逼我更专注拍摄的主体，这样压抑视角的拍摄方式，虽然很不方便，却让我审慎思考：这样拍摄影像，我究竟想表现或传达什么信息？

镜头是相机的眼睛，更是摄影者的另一只眼，身为摄影人一定要学会如何以镜头的视角看待被摄物？现实的景象往往与镜头的视野大不同，我们常听到"让你的影像说故事"，这句话的另一个确切说法就是，如何以不同视角的镜头来表现所拍摄的题材。

对于不同视角的镜头，有需要就投资，但千万不要买一堆却都不使用。此外，有心钻研摄影的朋友也该思考自己最喜欢以何种视角的镜头拍照。这种思考更是个人摄影美学不可或缺的养成要素。

德国啤酒节

拍摄模式／光圈优先．光圈 f/5.6・快门 1/125秒．ISO 400 SLT-A77V

镜头好比相机的眼睛，然而这双眼睛却比肉眼厉害许多，只要配上适当的镜头，相机眼就可以有望远、甚至显微观看等肉眼达不到的功能。相机越来越往轻巧方向设计，能够变换视野的变焦镜头越来越受欢迎。我在举世闻名的德国慕尼黑啤酒节，只以两支变焦镜头就将整个节庆的点滴拍摄下来。对于拍摄一般生活题材的摄影者，变焦镜头相当好用，然而有些摄影家仍坚持使用固定视野的定焦镜头，镜头的选择见人见智，能拍出自己要的感觉最重要。

摄影小札

每年9月底、10月初举行的德国慕尼黑啤酒节，百闻不如一见，果然名不虚传，光是在二十几个有着不同主题的啤酒棚走一圈就让人大开眼界。进行一些报导纪实的题材，我一定选择变焦镜头，它除了能让我节省换镜头的时间，更可减轻负担。我将两台相机，分别装上24-70mm及70-200mm的镜头，广角到望远一应俱全，不错失任何精彩画面。

德国啤酒节

拍摄模式／光圈优先．光圈 f/8.0・快门 1/400秒．ISO 400
SLT-A77V

16mm广角镜头正好能记录并表现如此盛大的景象，每年10月份举行的德国啤酒节是世界上最重要的节庆之一。

拍摄纪实报导题材，由于时间有限，我一定使用可以不停变换视角的变焦镜头，让双眼像猎鹰般，灵活地寻找猎物。"及时反应"在纪实报道摄影现场相当重要，而且工作就是工作，心神必须保持在备战状态。曾有读者戏言，非常羡慕我能跑许多地方摄影，其实在现场拍摄时并不轻松，就以好玩的德国啤酒节为例，现场每个人都大口喝酒吃肉时，我却滴酒不沾，我真担心一兴奋起来，几杯啤酒下肚，除了对焦不清，搞不好连相机都不见了。

德国啤酒节

慕尼黑的啤酒节是个大剧场，除了可以见到无数身着传统服饰的当地人，更可以见到来自全球各地的观光客，也许是酒精作祟，在现场狂欢的人几乎都不介意被拍，由于有工作在身，很多时候，我得厚着脸皮要求有好位置的人借我站一下拍照，数码相机实在太好用，让我当时就可以看到所拍的影像，甚至可立即编辑，继续拍摄。这样的工作方式很过瘾，但深夜回到旅馆时，真是疲惫不堪，讽刺的是，一直要回到旅馆，我才会慢条斯理地开始喝啤酒，旅馆的工作人员为此常不解地问我："不是刚从啤酒节现场回来，难道在那儿还没喝过瘾？"

8/第八讲

轻松驾驭器材——如何搞定功能繁多、设定复杂的数码相机？

由于取代底片的数码相机有许多复杂的设定，这些设定与摄影真正有直接关系的没有几项，初次使用的人犯不着被这些设定吓到，诸多设定，只要把握下列几项就可开始进行摄影。

第一，设定文件格式。若想进行较有野心的创作，建议设定"RAW格式与JEPG格式同时拍摄"选项（影像同时保存为RAW格式及JEPG格式），这样可立即以JEPG格式检视影像，若想再微调，再从计算机上打开RAW格式的照片文件即可。一般的数码相机在JEPG格式设定方面也有超精细、精细及一般的选项，摄影者可以影像最后输出大小作为考虑，若是只在网路上传递，文件格式越小越好。

第二，设定感光度。我们可就光线强弱来判断，若是光线较暗，为保持手持稳定，我们当然得将感光度调高；反之，若光线明亮，我们大可以降低感光度拍摄，以获取更细的画质。数码相机大多有自动感光度的设定，拍照者更可全心关注主题。

第三，设定白平衡。在数码技术下，每台相机都有自动调整色温的自动白平衡，让我们可以无后顾之忧地大胆拍照，若身处环境的色温太过极端，自动已无法修正，便可透过手动选择白平衡，如黄光环境使用钨丝灯（白炽灯）、阴影色调偏蓝的环境使用阴影，如此便可很容易地拍出色调讨喜的照片。

第四，决定测光模式。矩阵（多区分割）、中央重点、点测光任你选择，由于可立即看见所拍影像并进行修正，这几个测光设定已不似底片时代那般重要。

这几项设定完毕，就可以开始拍照，数码相机有几十个设定，你大可任意选择看看是什么效果。很短的时间内你就会知道这些玩意究竟是什么。很多人不喜欢读看不懂的说明书，只要理解摄影基本概念，就很容易顺着说明书来操作相机，不需要让他人为你设定。

行走的僧侣

拍摄模式 / 光圈优先．光圈 f/4.0・快门 1/2000秒．ISO 160．200.0mm DSLR-A900

长焦镜头能将特定焦点与最远距离压成一片，具有另类戏剧效果。我在拉图雷特修道院拍摄做完弥撒、准备回到寝室的神父时，在一段距离外一路尾随他，拍到这张我个人很喜欢的影像，神父前面的池塘、右前的大树、对面山头的房舍全在长焦镜头里被压成一个平面。我本想以这张影像作为上一本书《山丘上的修道院》的封面，却因为意境太深远，放在书店书群中无法一目了然而遭到否决。

拍照

做完基本设定就可以开始拍照了，A（光圈优先）、S（快门优先）、M（手动模式）、P（程式自动模式），我个人大多选用可控制景深范围的光圈优先模式，设定好光圈，快门速度会自己搭配，由于有预视功能，按下快门前，我顶多再调整EV值（曝光补偿），现在有Live View（实时显示）功能的机种，通过观看LCD屏幕或取景器影像，便可决定是否要减少或增加曝光时间，一切妥当后按下快门，一张影像马上就显现了。

9／第九讲

影像后期的原则

若想精修数码影像，一定得利用计算机，在屏幕上通过软件修改，影像明暗、反差、色彩都可以更改。此外，很多修图软件，例如功能强大的Photoshop，更可以乾坤大挪移般地将整个画面改头换面，变成一张全新影像。许多数码摄影者抱着反正能事后修改的心态，对拍照当下并不那么在意，这是非常不好的，影像后期处理得把握一个原则：修图软件是为了让影像更出色，而不是用来补救。例如，被拍摄人物脸上青春痘太多，为了美观，当然可适度以软件将痘痘修掉，此外若不是以RAW格式修整，每一次的影像修正，都会破坏影像原有信息。

摄影人该专注把握拍照当下，除非是满足自我的影像创作，不然千万不要在计算机上花大量的时间修图，玩弄修图把戏。然而有些专业摄影工作者，在发表整组影像时，为了美学诉求，故意以修图软件改变色调，或做某些特效处理，则另当别论。

我个人极少使用软件修图，顶多是将准备输出的影像适度锐化。

按下快门，看到结果，就连小孩都会操作，然而一张好照片不是按快门的瞬间，而是背后的修养，数码相机在摄影这部分只能算是硬件，软实力才是摄影最重要与有趣的部分。

爱丽丝

拍摄模式／光圈优先. 光圈 f/2.2・快门 1/800秒. ISO 400. 35mm SLT-A99V

这朵小花同样来自我的花园，它是紧接着在罂粟和芍药后开的花，我拿着一只显微近摄镜头对它猛拍，花瓣肌理在日光的烘托下像是舞娘飘逸的舞衣。

镜头的不同视角，让我们对人、事、物、景会有全然不同的解读与观感，镜头不需要拥有太多，善用才是正途。

我很少在拍摄的影像上动手脚，对我而言，拍照时间都已不够，实在不想再费时在影像的后期处理上。

Chapter 4

精进你的
摄影之眼

从光线的观察与运用下手

"光"就像食物中的盐，再好的
食材，若没有盐，依然索然无
味；我们的摄影主体，就像不同
甚至昂贵的食材，若少了光的
调和，再好的主体也会逊色。
善用调味料会将食物变得可
口，而善用光线则能将影像经
营得更丰富。

数码技术让摄影变得很容易，摄影者应享受它的便利，而不是被它的复杂功能干扰。数码相机的很多花哨设计有如锦上添花、画蛇添足，反成为深度摄影的绊脚石。

底片时代，摄影师拍照，在相机方面只要注意光圈、快门与感光度设定即可，然后就专心在拍摄上下功夫，借摄影去追寻与完成一个"美"的经验。

然而数码相机有很多类似Photoshop的影像拍摄设计，在我看来是离摄影大道很远的小玩意。我们要拍出一张动人的影像已不容易，这些设定却是在一张拍好的影像上动手脚，与"拍照"无关，它的美化往往只是遮丑，少了这些特效加持，很多影像贫瘠得不值得一看。

摄影有它传递美的形式，就影像形式本身，最能显现魅力的是"光与影"，诸多平凡主题，借由光影具体显示它的不凡。从事摄影多年，我常对人诉说某些得意或有待开发的题材，这些题目也许是一串由人物、地点带出的名词，然而我总忘记向人提及，让我最想按下快门的动机，其实是当时的光影。

光影的观察

就以百拍不腻的澎湖为例，除了景物美丽，正是那无以复加的阳光吸引我一再前往，就连数十年前的第一次澎湖摄影行，创作出摄影级的作品，也是拜阳光所赐。那时我天天从一片古墙经过，却从未发现它，直到那有如神迹的阳光泼洒在墙面上，才惊觉这面墙的存在。

我总对人说"法国的普罗旺斯是摄影爱好者的天堂"，在我口沫横飞，描述那儿丰富的风土人情时，却忘了对人诉说，其实最吸

硫森街头的招牌

拍摄模式／光圈优先．光圈 f/9.0・快门 1/125秒．ISO 100．175.0mm NEX-7

摄影小札

没有光就不会有摄影这回事，这张缤纷的影像摄自瑞士的硫森街头，我特别以长镜头、一种封闭性的构图方式，让阳光中的招牌缤纷呈现。阳光随处可见，但很多人总视为理所当然的，未曾细细欣赏它的美妙，更忽略它在摄影艺术所扮演的角色。

光是雕琢万物的
雕刻师

拍摄模式／光圈优先．光圈 f/6.3·快门 1/640秒．ISO
100．120.0mm NEX-7

摄影小札

光如雕刻师的刀斧，人间万物在如利刃
般光线的切割下变得利落有劲，洋溢着
一股顽强的生命力。我在瑞士的山城闲
逛，突然出现的阳光，将街角的建筑切
割出明暗强烈的对比，这由阳光营造出
的如图案般趣味的画面，正是我按快门
的最大原因。

ZU VERMIETEN

144 M2 LADENLOKAL

TELEFON 041 850 41 77

麦田

拍摄模式 / 光圈优先. 光圈 f/8.0 • 快门 1/125秒. ISO
100. 24.0mm NEX-7

摄影小札

我很喜欢麦田、稻田，井然有序的麦穗
有着无以名状的秩序丰饶感。里昂的朋
友带我去南部拜访他的姑姑，回程时
我们看见这一片如海洋波浪的麦田，阳
光自厚厚的乌云钻出，将麦浪染成一块
绿色的丝巾。我们常常对着某些主题拍
照，却忘了让主题如此美妙的正是光
线。习惯使然，对着某些美景，我常喟
叹光线不对，言下之意是，若有光线会
是多么漂亮。

引我的是那儿的光线，就是那灿烂的阳光，才能种出紫中带银的薰衣草。如果没有特殊光线，普罗旺斯再美丽的山城、遗迹、自然风景，也无法显出它的风采。我会拍摄欧陆那么多大教堂，除了主体本身，还有那无法言喻的光线啊！

"光"更让视觉艺术家献身追寻，19世纪的荷兰大画家梵·高，就因为普罗旺斯的阳光，一路由阴雨的北部直奔灿烂的南方，最后更在那儿开花结果，奠定了艳阳如火的画风。法国印象派画家对光线的观察与热爱更是疯狂，莫奈就曾对卢昂大教堂正面创作了一系列光的习作。

如果每一位修习摄影的人都能像大画家一样观察与描绘光线，而不是围着相机器材打转，相信很快就会找到让影像更加丰富的突破之道（大画家迷恋的是绘画的题材，而不是画笔）。

也许是习画时期对光线观察的训练，让我在摄影路上比别人快了很多，底片时代被光圈、快门、感光度这些玩意搞得一头雾水，却也对感光、测光等有关光的知识有了基础了解。立即可见影像的数码摄影，让人全然忘了光线观察的重要性，这让很多摄影者如少了基本功一样难以突破。

风情万种的自然光

"光"给世界带来了生命，很多画面因为"光"的渲染而变得神采盎然，自然光一年四季、一日之间都不尽相同，因此赋予了万物不同的表情。

旗津的椅子

拍摄模式／光圈优先．光圈 f/10・快门 1/120秒．ISO 100．35mm DSC-RX1

摄影小札

朋友带我去高雄港玩，在旗津街头闲逛时，经过一处人家，发现这几张沐浴在阳光下的椅子。我很好奇真有人会坐在这几张椅子上瞧行人或被行人看吗？然而这凌乱建筑群中的迷你空间却有一份自成一格的浪漫，尤其是椅子后的纱窗上，还布满了贝壳装饰。摄影就是这么好玩，它可以自纷乱的场景中，框取出一份清幽天地，而这正是居住其间的人最想经营出的自在。

对于自然光，我们大多只能被动地观察与捕捉，无法操控，然而这已足够使我们疲于奔命。

所有自然风景摄影家都会说他们的影像不是拍，而是等来的，我有个朋友为了拍摄阿里山的日出，前后不知去了多少回。即使是在欧洲出差时，我也会为了等适当的光线而在原地驻留许久，例如为了拍摄夜间古迹，我会将相机架在脚架上，等待太阳西下，仍有天光，人工照明亮起时，才开始摄影。这一段自然光、人工光混合的拍照时间，通常都不会超过15分钟，但我在日落前几个小时就开始准备了。

自然光线虽无法操控，但我们起码可以训练对它的敏感度，所谓专业摄影家，除了在叙事能力上高人一等，另外就是要善于捕捉光影，让影像更加丰富。

"光"是赋予影像生命的灵魂

让被摄主题更生动、更有趣的媒介往往是光线，不妨做个简单的试验：以家中书桌作为摄影棚，拿桌上的台灯作光源，桌上随便摆上一个喜欢的东西，如洋娃娃、一朵盛开的花，甚至手表作为拍摄主题，手持台灯，从不同角度，以不同质地的光线就会让主题变得全然不同。例如一块名牌手表，在一般光线下，不见得能显出它的价值，反之，一块杂牌手表，在经过设计的光线下，可能就会变得光彩夺目，像名贵手表一般，这巧妙差异正是光线的作用。

"光"就像食物中的盐，再好的食材，若没有盐，依然索然无味，我们的摄影主体，就像不同甚至昂贵的食材，若少了光的调和，再好的主体也会逊色。对于盐我们过于熟悉，以致于忽略了它的重要性，不要钱又无所不在的光也是如此，它总被我们视为理所当然地冷落一旁。善用调味料的人会将食物变得更可口，会利用光线的人便能将影像经营得更丰富。

任何景物在不同光线下都会有不同的表情，光、影能烘托画面，为被摄主体赋予更深的艺术性，若说"光"是让被摄主体"点石成金"的魔术师一点也不为过。光线也是让我爱上摄影、吸引我拍照的最大原因，即使是着手一个具有野心的专题拍摄，我也会思考以什么光线，或什么光质最能表现这一主题。

安平的庭院

拍摄模式／光圈优先．光圈 f/5.6·快门 1/200秒．ISO 400．24mm NEX-7

摄影小札

我和朋友去台南安平游玩，在巷道中看见这样一个被藤花缠绕的庭院，台南的午后阳光，让这幅景致如此风雅，几乎可以想见，在垂花环绕的庭园午眠、烹茶会是多么惬意。

修道院的弥撒

拍摄模式／光圈优先．光圈 f/8.0·快门 1/100秒．ISO 200．24.0mm NEX-7

摄影小札

在《山丘上的修道院》出版后，我再来到拉图雷特修道院，由于教堂在整修，星期天早上的弥撒，移到走道上举行，科比意的建筑因为有光线而变得更丰富，这张影像能如此活泼，全赖于东边洒进来的阳光，它是整张画面富有律动感的灵魂。
由于晚到，我只能坐到第二排，若是能往前进一排，无人遮挡，这张影像会更出色。

威尼斯的墙

拍摄模式 / 光圈优先．光圈 f/9.0・快门 1/200秒．ISO
200．105.0mm SLT-A65V

摄影小札

只不过是深秋，威尼斯的阳光就从原先
的炙热变为带有诗意的微凉，络黄色的
墙面上已透着秋的温柔，就是这样的光
线，让威尼斯的四季有着不同的面貌。
阅读这一面有光的墙面，真是读上千遍
也不厌倦。身为摄影人，能够将这动人
光影永恒记录下来，真是福气。

光的情感

拍摄模式／光圈优先. 光圈 f/2.8 • 快门 1/4000秒. ISO 100. 120.0mm SLT-A65V

摄影小札

一位在逆光中行走的老人，赋予了影像的趣味性，由于以RAW格式拍摄，我可以将老人的层次调亮，然而这不是影像重点，虽不能操纵阳光，但适度玩一些曝光游戏，例如曝光不足，仍能将现实的场景变得超现实——一种更接近心灵的写真。

我在威尼斯近郊的布兰诺小岛上追寻阳光与色彩，一位老人闯入我的取景器来，我赶紧按下快门。强烈的光线对比，让在阴影下踽踽独行的老人有种迟暮沧桑感。光线往往是主导画面情绪的催化者，很多平淡甚至不成主题的画面在光线的挥洒下，有了独立而令人遐想的生命。

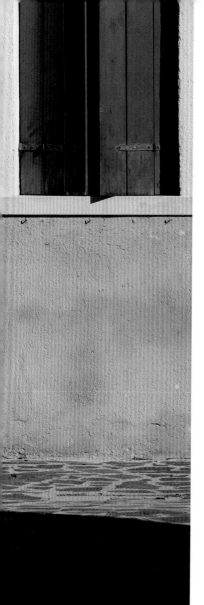

光影对比

拍摄模式 / 光圈优先. 光圈 f/4.5 · 快门 1/2000秒. ISO 100. 200mm SLT-A65V（上图）
拍摄模式 / 光圈优先. 光圈 f/10.0 · 快门 1/640秒. ISO 100. 70mm SLT-A65V（下图）

摄影小札

光影对比向来是摄影的好主题之一，人间诸多平凡事物在光线的烘托下变得如剧场般多姿多彩，背光的人在整个明亮的画面中制造出一种疏离的乡愁效果，然而在一个拍摄现场，阴影中的人往往只是偶尔驻足的路人甲，根本与影像制造的氛围全无关系。摄影师是捕光捉影的魔术师，在我们的镜头里，总能为川流不息的人生，留下一些值得欣赏玩味别的注脚。

教堂台阶上的人们

拍摄模式 / 光圈优先. 光圈 f/3.5 · 快门 1/640秒. ISO 160. 120.0mm DSLR-A900

摄影小札

阳光让这4位在台阶上远眺的人变得有趣异常。一打教堂出来，待眼睛适应这强光后，4位游客浮现眼前，赶紧按下快门，待拍摄第二张前，他们又自由地移往他处。

巷道中的行人

拍摄模式 / 光圈优先. 光圈 f/701 · 快门 1/125秒. ISO 100. 128mm NEX-7

摄影小札

我很喜欢拍摄街头上的行人，在阳光下他们个个可以成为活动的雕刻。若没有阳光，即使是相同的题材也会逊色好多，就是光的趣味让我不停地按快门，若光线不佳，这些画面全会索然无趣。

摄影类型五花八门，若我们能敏感地观察光线，且注意它在各种时候的表情，除了在选题上有更多选择外，即使是在基础训练上，也会找到有效率的渠道。"光"是影像的灵魂，我坚信不疑。

巴黎塞纳河畔两边的小巷道有很多富有特色的小巷弄，晴天时到这里闲逛惬意无比。我在街头上，看着来来往往的人，那古老的巷道在黄昏的光线里像是开了瓶琥珀色的美酒，酥人心胸。

光影的街道

拍摄模式 / 光圈优先．光圈 f/6.3・快门 1/250秒．ISO 100．200.0mm NEX-7

摄影小札

垂直线条、铬黄色的建筑，加上夕阳余晖的渲染，这座巴黎政府机关建筑洋溢着音乐般的韵律美感，其中的人物更增添了构图的趣味。

秋叶

拍摄模式 / 光圈优先．光圈 f/8.0・快门 1/50秒．ISO 400．35.0mm SLT-A99（右图）

摄影小札

我很喜欢树，尤其喜欢阳光自树梢间穿梭的情景，光影摇曳的感觉犹如华丽的视觉诗篇。叶子能具体彰显四季面貌，初春绿芽，让人忘记严冬的消沉；盛夏，叶片丰润饱满；秋叶却风华绝代，汲取大地最后的能量，再繁华落尽回归大地。

每到秋日，我最喜欢观赏树叶的变化，它们每天都换一个样，一个不在意，就轰然变红，快速凋零。住家附近有座小湖，我年年都来欣赏变装的树叶，赞叹之余，总让人有祈祷的冲动。然而大多数人只是匆匆走过，很少驻足欣赏。秋光下的林木像极了印象派的画作，改写西方绘画传统的印象派，当年的画作无论是在形式上还是在内容上都近乎反动，间接造成社会阶层的变动。然而这些大画家，最初几乎全从光线观察起，进而创造了新画风。把光线观察当做摄影之本，应不过分。

叶

拍摄模式／光圈优先．光圈 f/5.6・快门 1/20秒．ISO
200．70.0mm SLT-A99V

摄影小札

这是上一张影像树木的局部，如果我们
只是经过一棵树，不仔细瞧，就见不到
这有抽象画趣味的树叶特写，摄影常可
以在一个习以为常的大题目中勾勒出许
多小题目，这也是摄影最有趣的地方。

秋天的树林

拍摄模式／光圈优先. 光圈 f/48.0 · 快门 1/3秒. ISO 200. 80.0mm SLT-A99V（上图）
拍摄模式／光圈优先. 光圈 f/10.0 · 快门 1/5秒. ISO 200. 100.0mm SLT-A99V（右图）

摄影小札

只要有光线，就可以拍照，我虽然喜欢艳阳高照的大晴天，但某些题材倒是很适合平光拍摄。住家附近有座公园，里面绿树成荫，我故意选一个乌云遮阳的日子来拍它，柔和的光线将树林压成一张近似图案的图画，我将相机固定在三脚架上，刻意将光圈缩小，钜细靡遗地来记录林间所有细节，整张画面因此有种散文般的隽永气质，值得细细品味。

光是有表情的，世间万物因为光质不同而有不同的面貌。狮子座的我，有很多年拍照只喜欢强烈的阳光，画面浓艳的色彩让我觉得非常过瘾。近年也许因个性变得较温和，我竟然开始欣赏从前不屑一顾的平光（云层后的阳光），且觉得它的光质细腻非凡，颇有诗意，值得细细经营。

静山的榕树

拍摄模式 / 光圈优先．光圈 f/4.5・快门 1/80秒．ISO 800．35.0mm DSC-RX1（上图）

摄影小札

我到彰化静山修院拜访我最喜爱的马神父时，没有约定，与神父在刚下过雨的庭院散步，我挽着他的手，看到这片树林，赶紧对他说："等我先拍个照。"这样的平光将雨后的树林勾勒得非常细腻，颇有国画山水的意境，与艳阳下的趣味全然不同。数码相机对光敏感，就连颜色也比底片细腻许多，先进的器材增加了这幅影像的艺术性与趣味性。

幽光

拍摄模式 / 光圈优先．光圈 f/5.6・快门 1/120秒．ISO 800．75.0mm NEX-7（右图）

摄影小札

数码相机对光的宽容度比底片好得多，底片时代很多得架脚架才能拍的题材，现在都可手持拍摄，且质地很好。在瑞士某修道院里，看到这上面有圣道明画像的白墙，太阳西下前的最后光芒，透过乌云渗进屋来，将修道院深邃的静谧气质表露无遗。光线有许多表情，这幽静的微光，恰如一首余韵无穷的小诗。

地上的蓝光

拍摄模式 / 光圈优先. 光圈 f/5.6 • 快门 1/50秒. ISO 800. 56.0mm NEX-7（上图）

摄影小札

同一处修道院，彩色玻璃透进的蓝光，淡淡地游走在教堂的地板上，画面左边的修道人与地上飘忽的光影，一实、一虚，使画面增添了趣味性。

教堂的椅子

拍摄模式 / 光圈优先. 光圈 f/5.0 • 快门 1/50秒. ISO 800. 24.0mm NEX-7（右图）

摄影小札

我很喜欢教堂里的光线，12世纪歌德大教堂的建筑鼻祖——法国巴黎近郊圣丹尼斯大教堂的院长虚杰神父（Abbot Suger, 1081—1151）认为光线最能表现上帝的神秘，受人喜爱的彩色玻璃因此诞生。我在巴黎市区一座古老的教堂里，看见透过彩色玻璃的淡淡蓝光，在结实的编织藤椅间徘徊，一种难以言传的美感驱使我按下快门。

人工光源

没有阳光时，我们只能借人工光线拍照，专业的棚内摄影师都要熟悉人工光线器材的操作，为此都要学习诸多打光技巧，某些专拍明星的摄影师直言："除了被摄人物天生丽质，很多时候是靠打光技巧让他们变得更动人的。"闪光灯由于是瞬间闪光的，因此得按下快门后才能得知效果，能立即观看的数码摄影，让学习棚内闪光灯的使用变得容易许多，此外，近年来的LED灯，更是棚内拍照的最佳工具，除了便宜，这些持续性光源，让摄影者作业起来更加方便。

除非不得已，我极少在摄影棚拍照，即使是拍摄人物，我也喜欢使用自然光。室内门窗进来的光线就相当好用，除了质地柔和，有时顶多再补一个反光板。走笔至此，有个观念应当厘清：仍有很多摄影人误以为只有会操作棚内的闪光灯系统才算专业，这是极错误的想法，犹如唱歌一样，歌剧、京戏、流行歌，各有不同的形式与技巧，只要把特属它的形式彰显到极致就是专业。

任何光源都可拍照的数码摄影

底片时代为适应不同光源，我们常得准备不同底片与各式滤色镜，数码相机的自动白平衡与随时可调整的高感光度，让我们几乎在任何光线下都能拍照且获得不错的质地，这也是为什么有了数码相机后，我更常拍照。

"光"是摄影成像的根本，自然光、人工光，不管你怎么运用，它绝对会影响到画面的叙事呈现。摄影最大的学问不在按下快门的瞬间，而是怎么去看待与呈现所拍摄的主题。然而千万别忘了"光线"在摄影中所扮演的角色，当你觉得自己的影像少了近似灵魂的特质时，不妨从光、影的观察与运用下手，你会发现它可能会让摄影有立即可见的突破之道。

小兄妹

拍摄模式／光圈优先．光圈 f/8.0・快门 1/30秒．ISO 800．85.0mm DSLR-A900
拍摄模式／光圈优先．光圈 f/8.0・快门 1/30秒．ISO 800．85.0mm DSLR-A900

窗户透进屋内的光线有如加上柔光罩一般柔和细腻，这种光是拍摄人物最好的光线，被摄者在这种熟悉又自然的光线下，心情不紧张，更能表现内心气质，不似摄影棚，许多人在闪光灯下一点也不自在，神韵就难以显现。

摄影小札

我弟弟的一对双胞胎宝贝，集万千宠爱于一身，每隔一阵子，我都会来为他们拍照。给小鬼头拍照最难之处，是他们往往不听话地跑来跑去，甚至在镜头前也不老实地猛做鬼脸，对小孩子，只能陪他们玩，不能讲道理。为了让他们坐定，我突发奇想，让他们来比赛看谁能像小木偶一样保持不动，持续不动的人就有奖品。这无聊的游戏，他们却争得兴高采烈，而我也终于能不露痕迹地将任务完成。

霸王别姬

拍摄模式 / 光圈优先．光圈 f/2.0・快门 1/1250秒．ISO 250．85.0mm DSLR-A900

摄影小札

我很喜欢京剧造型，一日，剧团有创新剧目，导演想表现"虞姬死后跟项羽鬼魂见面时，质问项羽，她死的时候，作何感想"。为了让剧照有点新意，我尝试用自然光来拍摄，户外的遮阳塑胶布成了我们的背景。

死后的虞姬以一身黑色打扮，就连头饰也以银黑为主，庄重又典雅，为表现虞姬的怨悱，我故意以逆光，正前再补从下往上打的反光板，衬出她的幽怨。"霸王别姬"戏中，虞姬在巡营后知道大势已去，为断项羽后顾之忧，在为项羽舞完剑后，自刎而死。为此，我请人在虞姬背后舞动红布，请虞姬拿着探营的灯具，另类重现剧中情景。我很喜欢这张照片，可惜导演并不喜欢，说我未表现出他要的感觉。

虞姬

拍摄模式 / 光圈优先．光圈 f/2.5・快门 1/2000秒．ISO 250．85.0mm DSLR-A900（上图）

摄影小札

生前与死后的虞姬，互相交织对谈，很有趣的点子，我故意让两位虞姬站在一起，相同的动作姿势，全然不同的表情，生死两茫茫的对比，由于这是以活着的虞姬为主的，我故意将黑色的虞姬放在焦距之外，衬托她只是缥缈的魂魄。

我很喜欢自然光造就出的真假交错，若用摄影棚的闪光就会很制式，少了这般我自以为是的趣味。

香火

拍摄模式／光圈优先．光圈 f/5.0・快门 1/80秒．ISO 2500．35.0mm DSC-RX1

摄影小札

数码相机很厉害，它可以在各式光源下拍照，且获得很好的效果，在香港中环时，我来到一座庙宇，正好有人在里面拜佛，随手拿起小相机，借着腰屏观景器，让被摄者完全无视我存在，尽情摄影。烛光是这张影像的主要光源，高感光度拍摄虽然加深了对比，但暗部仍保有非常细腻的质地，这张影像很有古典绘画的色感。

庙口小吃

拍摄模式 / 光圈优先．光圈 f/1.8·快门 1/30秒．ISO 500．10.4mm DSC-RX100M2（左图）
拍摄模式 / 光圈优先．光圈 f/6.3·快门 1/20秒．ISO 3200．16.6mm DSC-RX100M2（上图）

高感光度、自动白平衡，数码相机在各种光源下几乎都可手持拍摄，大大增加了摄影的可能，此外颜色往往也比现场所见要漂亮。

一台近似傻瓜机的相机，都能拍出这样的效果，真是令人惊讶。先进的数码技术让摄影者除了能随时随地拍照，更能表现出光线的魅力，戏剧效果十足。

摄影小札

台南永福路附近有家榕树下小吃，就在庙的前面广场，每回到台南，我一定与朋友来此小酌一番，除了可口的食物，这儿的氛围更是迷人，昔日为描述这情景，以诗为凭，而今方便的数码相机已轻松做到，有图为证。这两张照片是以一台轻便类的单反相机拍成的，全自动作业，我只是按下快门。昔日，我还曾书写如何拍夜景，现在全免了，摄影人只要自己拍几次，定能掌握诀窍，拍出优质的影像。

香港街景

拍摄模式／光圈优先．光圈 f/4.5．快门 1/80秒．ISO 2500．35.0mm DSC-RX1（左上）

48-2.拍摄模式／光圈优先．光圈 f/4.5．快门 1/80秒．ISO 3200．35.0mm DSC-RX1（右上）

48-3.拍摄模式／光圈优先．光圈 f/4.0．快门 1/80秒．ISO 500．35.0mm DSC-RX1（左下）

48-4.拍摄模式／光圈优先．光圈 f/4.5．快门 1/80秒．ISO 1600．35.0mm DSC-RX1（右下）

复杂缤纷的人工光源，让影像内容更加丰富，数码相机的庞大功能，让我们在处理这类题材时更能得心应手、无往不利，什么光线都能作业，是数码摄影的福音，按一个快门就能看见，也许你会从数码摄影中发现光线的丰富与可能。摄影从光影下手，总会找到有趣而生动的题材。

摄影小札

数码相机有时太方便作业，让我觉得影像得之太易，有点不真实，然而对很多初学者或许仍无法立即掌握窍门，我只能重申，数码相机是功能强大的"光"的记录器，使用数码相机更能记录与掌握光的神奇，只要懂得欣赏光，就往摄影之门迈进一大步了。

Chapter 5

让视觉挑起
按快门的动机

　　"框取"背后涵盖着我们对拍摄
主题的观照态度，例如为什么要
以特写或广角、仰角或俯角来拍
这一主题？为什么在画面中故意
留白这么多？为什么要把人物压
得这么低？这些视角的选择就是
摄影的"构图"要素。

我 在《逐光猎影》这本书中提到："摄影是视觉艺术，它的构成条件包含光影、色彩、构图等视觉元素。就是这些元素牵动了心灵深处的某根神经，让我们对影像衍生出高度的兴趣。想让摄影更上一层楼，就得全面放弃'文字思考'的逻辑，从相机取景器找寻一个能让画面自己说话的焦点。拍照不过是以平凡的心来端详平凡事物，这个端详（对焦）过程就是摄影最神妙的窍门。"

摄影是一种视觉语言，它理当超乎言语、文字的描述，若我们以文字来解释这种语言，除了词不达意，难免画蛇添足。

很多人以文字逻辑思考要拍什么，但是若转一下方向从"视觉"形式下手，定会发现可以拍摄、经营的题材不胜枚举。不要怀疑，相机在自己手上，不须思考，单从相机取景器去"看"，让视觉架构自己的逻辑，一定会找到有趣的形式焦点。

数码相机的即拍即看，更可以即兴发挥，我有很多作品级的影像，最初只是随意按个快门，后来从取景器中惊见这画面值得经营，来回几次，竟拍摄到一张优质影像。

走笔至此，我更加肯定，向来是"视觉"牵引着我摄影，而不是文字思维。

摄影构图不同于绘画构图

摄影既是视觉构成的一种，当然也涉及形式构图，然而"构图"在摄影概念中常被滥用，许多摄影书一再以绘画构图理念来解释，这是错误的。我曾在上本书提及，绘画是对着空白的画布、画纸，往上加东西，是一种无中生有的构成；摄影却是对已存在的、眼前的景物做取舍，它是一种减法。拍摄的影像虽可以当图像看待，但它不是无中生有的"构成"，而是自一个实景中，被"框取"而出完成的，以绘画构图理论来分析它的趣味，但拍摄当时可能不是这么想的，尤其是能表现个人心灵意境、较抽象形式的摄影表现，更无法用绘画构图理念解释。

我会喜欢上摄影，就是它不只是能事无巨细地记录一个写实画面，更能自无法改变的实景中，引出有别于现实的心灵意境，例如对一些实景的特写、微观，有的更已进入全然抽象，让人猜不透它原来是什么？根本无法解释。

井边的雕像

拍摄模式／光圈优先．光圈 f/7.1．快门 1/500秒．ISO 100．123.0mm NEX-7（上图）
拍摄模式／光圈优先．光圈 f/6.3．快门 1/250秒．ISO 100．128.0mm NEX-7（下图）

摄影小札

摄影的构图是什么？就是以镜头的视角来说故事。不似绘画，可慢条斯理、精心布局，错了更可以全部抹掉、重新再来，摄影构图是对着已存在的景物取景，它的方法很简单，只要稍微移一下镜头、换个角度即可。

就像有创意的厨师，往往只是在既定菜色上做一些小变化，就有全然不同的效果与口感。我在瑞士的山城小镇，看见这座在井边的雕像，我只是稍稍移动了镜头，就有全然不同的效果，这一取景过程就是摄影构图最佳的训练与示范。

摄影虽然无法改变现实景物，但如何观看与表现它却全然操之在我。你若能以相机，从现实环境中，如我一样拍出抽象的、更接近心灵意境的影像，定会觉得相机是一个神奇的小魔术盒。

如何解放自己的想象力，尽情观看，应是摄影构图最该阐述的议题。有关抽象表现的构图方法，由于太个人化，且极难以文字叙述，现仅以所拍影像，以图为证来鼓励读者，不要局限于摄影的视觉构成。任何写实景象里都有一个无以名状的秩序，只要跳脱文字思维，摄影者一定会找到结构，或解构它的窍门，使摄影变得更丰富有趣。

镜头视角影响叙事观点

摄影观看渠道，就是指相机上有着不同视角的镜头，而这些不同视角的镜头，决定了摄影者观看被摄主体的态度，例如为什么要以特写或广角、仰角或俯角来拍此主体？为什么在画面中故意留白这么多？为什么要把人物压得这么低？这一视角的选择就是摄影的"构图"要素。

单张摄影是一种不连续的画面，它能变化的地方很多，只要换一个视角，就会有全然不同的叙事呈现。昔日，变焦镜头不是那么普遍时，很多摄影者对镜头视角有特殊偏爱（例如使用全画幅的单反相机，有人专爱35mm的广角镜头，有的特别喜欢50mm的标准镜头），进而发展自己的摄影视角美学。便捷数码加上一镜到底的伸缩镜头，视角可不停变化，它的不足是有些影像张力，是来自镜头视角压缩，而不是主体本身，如何让主题不着痕迹地借镜头视野展现，是摄影师的功力所在。

更具体地来说，摄影构图就是能以一张被凝固的画面，清晰又有力地表现被摄主体。

小时候，我们都读过一个射箭故事：一位学习射箭的人准备射一只在树上的鸟，他的老师问他："你看到了什么？"射者回答："看到了树、周遭的树林和树枝上的鸟。"他再次专心观察，最后只看到那只鸟时，终于放箭射到目标。

这个故事与摄影构图、概念成形过程异曲同工。我们得认真思考：从一个开放的画面里，我们究竟要从中攫取与表达什么？就像作文，借着文字，我们究竟要表达什么？写作技巧，不过是把想描述

晒床单

拍摄模式／光圈优先．光圈 f/13.0．快门 1/1250秒．ISO 100．35.0mm DSC-RX1（上图）
拍摄模式／光圈优先．光圈 f/13.0．快门 1/250秒．ISO 100．35.0mm DSC-RX1（右图）

摄影小札

摄影如何构图？首先是要被画面吸引。我在澎湖惠民医院的楼上餐厅往下望时，正好有人在晒衣服，五彩缤纷的床单在风中摇摆，真是好看极了，由于使用不能变焦的镜头，我不能做更好的构图选择，然而只要被画面吸引，就可以开始取景构图，若以文字思考就会像我的神父朋友说的："神经病！一堆床单有什么好拍的？"

彩色的布

拍摄模式／光圈优先．光圈 f/7.1・快门 1/200秒．ISO
400．200mm SLT-A99V

我喜欢上摄影的最初动机，不只是为记
录实景，而是想借着它来表现一种不好
言传的心灵意象，对我而言，这更是摄
影最有趣与最具挑战的地方。

摄影小札

想玩些具有创造性的摄影尝试，绝不能
凭空幻想却不行动。这几张有美丽色彩
的影像来自一个意外。秋日，我邀请朋
友帮忙，前往附近一座公园拍摄秋景。
我故意搭上架子，将彩色的布挂在横于
两个支架的棍子上，好制造一种由窗
外往外看去的浪漫效果。未料天气不配
合，轻盈的纱布总飘不到我要的方向与
高度，最后我对着缠成一团的纱布试
拍，竟拍出了非常漂亮的影像，感觉这
一专题可再深耕下去，也许读者未来就
会看到我以纱布为媒介的更惊人的影像。

秋光倒影

拍摄模式／光圈优先．光圈 f/7.1・快门 1/60秒．ISO
400．37mm NEX-7

摄影小札

秋叶都快掉光了，天气也越变越冷，到
最后，我只能对着水中的落叶拍照。
我从不喜欢只记录表面现实，我最爱的
是能从实景中引出更深层的心灵感触。
这组秋光倒影的影像，具体展现了深秋
最后的华丽。对我而言，整张影像均是
可供布料设计师参考的美丽图案。构图
没有法则，摄影者爱怎么看、想怎么表
现都可以，这组影像与前组的布一样，
完全没有经过Photoshop软件处理，我只
在相机设定上加了点反差与锐利度。

秋光倒影

拍摄模式／光圈优先．光圈 f/9・快门 1/200秒．ISO
400．125mm NEX-7

摄影小札

这张影像，很有法国20世纪素人画家
Séraphine Louis（1864—1942）画作
的味道，这位最后在精神病院度过余生
的画家，从未学习过绘画，据说她的很
多画都是在有限的烛光下进行的。摄影
在底片的限制下，很制式地发展了多
年，某些较搞怪的摄影家曾在底片上玩
花样，企图改变它写实的记录，制造一
种突破时空的超现实效果。

即拍即看的数码摄影可以大玩这种游
戏，很多画面，只要轻按快门，看到结
果后即可继续深耕。这是一张如假包换
的摄影影像，就现实景象而言，它们不
过是水中的落叶，很多人还将它们以垃
圾视之，不屑一顾。我虽不鼓励摄影
者为创造新奇画面而"为赋新词强说
愁"，但却鼓励摄影者多以相机的镜头
观察，就会发现可经营的画面确实不
少，而这部分是可以不顾所谓构图法
则的。

的主题说得更具体、更生动。摄影构图形式的训练，就是让我们更有效、更具体地表现出主题。对一件事，只要换个说法，就有不同的效果，摄影更是只要换个角度就完全不一样。

底片时代，由于成像太难，在学习过程中，摄影者大多会认真思考，以什么底片、什么镜头视角、什么光圈，甚至什么光线来表现被摄主体会更出色，这种隐性思考也是摄影构图思维的一部分。

数码摄影最大不足是它获取一张曝光正常的影像，有如探囊取物般容易，许多摄影者为此全然不再做较具深度的美学思考。例如在某些活动场合，总有人以手机、iPad、专业单反相机、傻瓜相机，万箭齐发，大拍特拍，如此拍摄只是浮光掠影地记录，与我所强调的具有深度的探索表现、个人见地或更有趣的摄影大道相距甚远。

一个网络发达的时代，资讯、影像大量涌现，我们可以同时知道很多事，却大多是皮毛，要透彻了解一件事物得下功夫，能将影像赋予生命的摄影构图更是如此，可喜的是，它没有想象中的困难。

摄影构图不是在形式方面标新立异、大作文章，背后那个看不到的态度才是更需要下功夫的所在。

多良

拍摄模式／光圈优先．光圈 f/9.0・快门 1/320秒．ISO 100．35.0mm DSC-RX1（上图）

拍摄模式／光圈优先．光圈 f/9.0・快门 1/320秒．ISO 100．35.0mm DSC-RX1（下右）

拍摄模式／光圈优先．光圈 f/9.0・快门 1/400秒．ISO 100．35.0mm DSC-RX1（下左）

摄影小札

单张的摄影它能自真实的环境中获取一张全然别于现实、令人感动的画面。我在台东的多良天主堂往下拍太平洋，在我脚下的是一栋铁皮屋房顶，我稍移动了一下镜头，拍出这些很静谧的影像，带我去的朋友从计算机屏幕上惊见这画面时，直问在哪拍的，当我说出地点后，朋友惊呼为什么他都没看见，我开玩笑地对他说："因为你不是摄影师啊！"

慢的美学——形式构图的暖身／尽情观看

传统摄影从拍摄到取件往往需要一段时间。昔日，我以Kodakcrome胶片摄影，由于得寄到国外冲洗，等待的时间更久，至于E-6药水就能冲洗的一般幻灯片，最快拿件时间也是几个钟头后。摄影从起心动念到按下快门、编辑完成，急不得。因此，底片摄影精挑出的影像，往往禁得起时间考验并让人印象深刻。

数码相机由于功能庞大，又有可重复使用的大容量存储卡，我们往往会拍个不停，却从不整理影像（底片时代，不可能这样），转眼间，甚至忘了曾拍过什么东西。

审慎按快门的底片摄影，是一种专注当下的表现。用数码相机拍照时，我总提醒自己放慢脚步，看清楚要拍的画面后再按快门，甚至刻意放下相机，只为享受那温暖的阳光及永不重逢的当下。在这个讲求快速的时代，我们已很难静下心来欣赏一件平凡的人、事、物，或好好吃顿饭、喝杯水，甚至睡个好觉。

摄影构图，已不是表面形式的沙盘推演，所谓"黄金分割""井字格"是人云亦云的无聊论述。在从事较具野心的摄影创作时，我总先打开所有知觉，直到我看出了些名堂，才会开始使用相机。然而就是开始摄影，我仍不停地检讨，最后被挑出的影像，除非能使它更精彩，否则我从不做画蛇添足的计算机后期处理。

谈到摄影构图，可能更要反省，在一个画面里，我们究竟看到了什么值得按快门的感动？传统摄影总强调"化刹那为永恒"，若我们对当下都这么不在意，那被凝固的瞬间画面也就不值得永恒保存了。

威尼斯

拍摄模式 / 光圈优先．光圈 f/8.0 • 快门 1/640秒．ISO 125．16.0mm SLT-A77（左上）
拍摄模式 / 光圈优先．光圈 f/8.0 • 快门 1/800秒．ISO 125．16.0mm SLT-A77（左中）
拍摄模式 / 光圈优先．光圈 f/28.0 • 快门 1/640秒．ISO 125．26.0mm SLT-A77V（左下）
拍摄模式 / 光圈优先．光圈 f/8.0 • 快门 1/640秒．ISO 125．16.0mm SLT-A77（上图）

摄影小札

只要稍稍改变镜头的视角，就会有全然不同的叙事效果，例如这组摄自威尼斯一处露
天餐厅广场的影像，我只是稍稍走几步路，换个角度，就有全然不同的画面，取景过
程就是摄影构图，从镜头的视角中，获取一个令人喜爱的画面。

在影像如此容易取得的时代，有人怀念底片摄影的审慎，我曾以3个不能变焦的镜头完成了几个重要题目，其中最常使用的是50mm标准镜头。对希望视觉语言突破且对较审慎的底片摄影仍有憧憬的朋友，我有个建议，那就是使用一个不能变焦的镜头（最好是接近肉眼视野的50mm标准镜头）做构图拍摄练习，你会发现若能用视角有限的镜头，观察勾勒出一个精彩、全然忽略镜头存在的画面，将是一个挑战。此外，只携带一只定焦镜头出外拍照，除了可减轻装备负担，更因为镜头视野有限，而对眼前画面有所取舍。在存储卡容量越来越大的今天，这近乎压抑、节制的反向操作，应是有趣而深刻的另类摄影构图训练。

威尼斯的窗帘

拍摄模式／光圈优先. 光圈 f/82.8 · 快门 1/4000秒. ISO 100. 135.0mm SLT-A65V（左上）
拍摄模式／光圈优先. 光圈 f/3.5 · 快门 1/500秒. ISO 100. 90.0mm SLT-A65V（左下）
拍摄模式／光圈优先. 光圈 f/3.5 · 快门 1/320秒. ISO 100. 105.0mm SLT-A65V（右图）

我常强调不要通过文字描述来学习摄影，而是从视觉本身着手，"文以载道"很容易僵化我们的视觉敏感度，很多人就以一些禁不起考验的意识形态，对许多人、事、物，甚至景，充满偏见，视若无睹。

我喜欢视觉的趣味，它们或具象、抽象，或黑白、彩色，例如这组光影交织的画面本身已很丰富，何须用文字画蛇添足来诠释？

我们的生活里到处有这样的画面，如果能放弃文字描述，就会发现再乱的景物都存有一种可入镜的秩序韵律。解放自己的思绪，锻炼与活化视觉观看能力，是摄影构图训练基础。

摄影小札

以文字来形容这一画面，不过就是几块与墙壁交织的窗帘，在文字叙述上，它可能很难成为被描述的主角，但影像却不是这样，许多文字描述不好的东西，也可以成为影像的主角。在威尼斯时，我最喜欢欣赏这些无所不在的窗帘，它们在一个光影缤纷的环境里，都可以像电影主角般充满魅力。

晒衣服

拍摄模式 / 光圈优先．光圈 f/3.5 • 快门 1/1000秒．ISO 100．135.0mm SLT-A65V（上图）
拍摄模式 / 光圈优先．光圈 f/2.8 • 快门 1/500秒．ISO 125．160.0mm SLT-A65V（右图）

摄影小札

我们若以文字来为右图的影像命名，顶多是晒衣服，上图则更无聊，暂且以墙角一隅称之。然而在视觉领域里它们却丰富极了，两面不同颜色墙壁间的衣服，绿、黄墙面间的一把洋伞，取景构图就是将那些原本不搭配的视觉符号串在一起，交织出一种无以名状的视觉趣味，由于它太难以用文字形容，我们就勉强以"诗"来形容它的意境。

小镇一景

拍摄模式 / 光圈优先. 光圈 f/10.0・快门 1/100秒. ISO 200. 400.0mm SLT-A99V（左上）
拍摄模式 / 光圈优先. 光圈 f/10.0・快门 1/100秒. ISO 200. 400.0mm SLT-A99V（左下）
拍摄模式 / 光圈优先. 光圈 f/10.0・快门 1/160秒. ISO 200. 35.0mm SLT-A99V（右图）

摄影小札

许多简单不起眼的画面，只要经过构图取舍，就会有全然不同的表现。我去外州拜访神父朋友时，我们结伴在小镇闲逛，他不解我为什么常停下来对着那再平常不过的房屋外观进行拍摄，甚至直言："这有什么好拍的？"

傍晚，当所有影像都导入计算机后，从屏幕上观看他吃惊地问我这些景在哪拍的。我对他说我们一起经过，只是他没耐心等我。

拍照是很自私的，为了专注于画面，我实在没有余力再来照顾与我随行的人。每一位摄影人都应该专注于自己的取景器，这是摄影最私密所在，无论在一个多么热闹、嘈杂的环境里，我们的取景器都能隔绝出一个只有自己，而外人难以窥探的世界。

普罗旺斯的红墙

拍摄模式 / 光圈优先．光圈 f/4.5・快门 1/80秒．ISO 160．28.0mm DSLR-A900（左上）
拍摄模式 / 光圈优先．光圈 f/4.5・快门 1/30秒．ISO 160．22.0mm DSLR-A900（左下）
拍摄模式 / 光圈优先．光圈 f/4.5・快门 1/30秒．ISO 160．24.0mm DSLR-A900（右图）

摄影小札

我在普罗旺斯山城漫步，看到了这两面以不同颜色漆出的墙壁，我在这里稍作停留，用不同的视角呈现这片红墙，取景构图就像我们下笔写作，虽然逻辑路径不同，但同样以特有的艺术形式去勾勒与描绘让人感动的人、事、物，这片墙在不同的取景构图中也有了全然不同的风貌。

萨尔斯堡

拍摄模式／光圈优先．光圈 f/8.0・快门 1/125秒．ISO 125．16.0mm DSLR-SLT-A77V（上左）
拍摄模式／光圈优先．光圈 f/8.0・快门 1/80秒．ISO 125．16.0mm DSLR-SLT-A77V（上右）
拍摄模式／光圈优先．光圈 f/6.3・快门 1/125秒．ISO 125．50.0mm DSLR-SLT-A77V（右图）

这是奥地利萨尔斯堡城堡上的观光局。

一个秋日的黄昏，我漫步到城堡上，以广角镜头开放的视野，渐渐收到以长焦距拍摄建筑外观局部。摄影构图就是以不同视角接近一个让眼睛一亮的主体，有时会马上来电，立即找到表现这一主体最好的方式，但大多时候，我们得沉住气，依次通过各个角度来接近它，这正是摄影取景最有意思的地方，一个唯有摄影者能独享的时刻。

不要迷信任何摄影构图理念，多训练自己的双眼，锻炼出一双如鹰的摄影眼，找寻猎物时又快又准，包不失手。

摄影小札

萨尔斯堡是一座迷你山城，我曾多次来到此地，人口不过10万出头的小城，却有全世界最著名的音乐节庆，每回前来，我总会徒步走上山头，除了能饱览全城美景，更因为阅历改变，总能再发现新的、吸引我的目标。就以图中的观光局为例，它的外观与全城巴洛克建筑比较起来，一点也不突出，但夕阳向晚的光线却让这建筑洋溢着一股静谧的诗意。

公园的头像

摄影小札

美国纽泽西州有一个以大批艺术家，尤其是印象派画家画作为主题的雕刻公园（Grounds for Sculpture）。公园创始艺术家Seward Johnson把很多印象派大画家的作品以雕刻立体形式还原在实景空间里，让人有如假似真的有趣错觉。

以立体雕刻来练习摄影构图非常好，一个不能再更改视点的图画，在镜头的视角会有不少变数。例如这尊以莫奈花园为背景的头像，不同的角度就有全然不同的呈现效果。摄影构图是一种视觉游戏，常有人因为一张影像而来到某些景点，然而亲临现场后大失所望，原来摄影师将它们拍得很漂亮，明明很小的水塘却可以拍成一片汪洋，这是否涉及说谎？当然不，而是镜头视角本就会影响叙事观点，每一位摄影师除了从他的镜头视角说出不同的故事，更可以从一个既定的类型现场（例如某某著名古迹），再找出新鲜的、有别于一般的叙事方式。

在涉及更深的个人摄影美学之前，如何以镜头说故事，是每一位摄影人都该练习的构图技巧。

莫奈草地上的午餐图中最后有一位在水里的女郎，我很喜欢雕塑以假乱真的趣味，刻意以不同的视角来呈现她，因为构图取景不同，所呈现的趣味也全然不同。

莫奈的午餐

摄影小札

莫奈（Édouard Manet, 1832—1883）于1863年在独立的沙龙里展出这幅画时，引起轩然大波。莫奈以自己的妻子为模特儿（就是图中的裸女），至于两位衣冠楚楚的男士分别是莫奈的弟弟和妹夫。这幅陈列于巴黎奥赛美术馆的画再也无法吓人，然而在19世纪的巴黎，这幅画只能以伤风败俗来形容，纽泽西雕塑公园里的这组雕像，变成立体实景后，依然让人惊异，仿佛能感受到这幅画在当年所造成的冲击。《红楼梦》里刘姥姥看着大观园的美景赞叹地说："能到画中瞧瞧多么有趣。"在雕塑公园里，每一幅画都变成立体雕像，具有实现人们到画中瞧瞧的愿望的趣味。

这里我不是以不同取景角度来重新诠释这幅画的，而是具体示范同一个场景，能有多少构图选择（如果愿意，绝对可以拍出一本书的量），虽是同一主体，只要稍稍换个角度就有了全新的趣味诠释。

我们所处的现实环境里只怕有更多的选择，然而也许是僵化、缺乏视觉式的思考训练，让我们在取景构图方面较不敢尝试。

回归这组雕像，总觉得有一种不安甚至暴力的感觉，这部分若以相机来细细诠释将会很有意思。

小三与小王

摄影小札

Seward Johnson很喜欢表现一种不伦恋的复杂人际关系，这充满戏剧性的关系，却也具体点出人的脆弱与无助。这组在幽会的男女我们姑且称之为"小三与小王"，从不同角度看，甚至同一画面的焦距变换中，我们都能有新的诠释。镜头好比一支笔，要怎么描写、叙述一个人、一件事、一种物、一个景全操之在己，我们更可以光圈的景深、快门和曝光明暗来强调要申述的议题，而它的效果绝不亚于书生的生花妙笔。

这组雕刻实在好玩，这组恋人所处的位置一点也不安全（虽然他们隐身在树丛中），我拿着相机大玩构图游戏，从全景到特写都隐藏着一种不安。我尤其喜欢两张同样构图但焦距不同的景象，焦距在树叶上或人物本身的趣味截然不同。我也喜欢右下右图主人翁模糊的背影，那拥抱在镜头里就显得相当无助与绝望了。

悲伤的情侣

摄影小札

这个作品同样是Seward Johnson翻自莫奈的作品《温室》（In the Consernatory）。原画收藏于德国柏林美术馆。莫奈以他的朋友夫妇作为模特儿，原作并没有立体雕像般的悲伤，只是一对夫妇在闲聊，然而画作里不平衡的构图在立体雕像里被整个放大，仿佛是一个有了小三的老公向妻子摊牌的场景。

说穿了，摄影构图就是以镜头来呈现叙事观点，例如右下右图我故意将焦距对在女主人翁身上，对比焦距外的男士，增添了画面的不安与压抑。左上图这位女士的脸部特写，几乎可以在她脸上添两行清泪了。

可以将立体景象压成一个平面的摄影，本就有操控特质（Manipulate），所谓"客观的记录"往往只是看起来客观，背后有很多算计。许多游客看到这组雕像只觉得是画的复制，然而一幅画已无法更改，立体的雕像借着镜头视角的框取，而有了全然不同于原画的解释。摄影师因为不同的取景方式，对被摄主体拥有无上诠释大权，这诠释就是摄影构图最该思考的部分。

莫奈的情侣

摄影小札

莫奈这幅以一处餐厅为背景的画作，比较不为人知，被Seward Johnson立体画作为名画雕刻，几乎都是一种危险关系的再现，例如情侣背后那位端着咖啡壶的服务生，简直像极了间谍片中的卧底，周遭一切都逃不过他的法眼。

上述这几组雕刻虽是富有戏剧性的构图示范，然而影像的趣味，往往来自不露痕迹的构图游戏。我个人在拍较为艺术的专题时，对镜头取景非常节制，尤其是涉及人物的人文专题，更喜欢让被摄者叙述自己，然而即使是这种高贵的解释，它背后仍涉及某种意识形态，只是程度不同而已。

巴黎教堂雕像

摄影小札

巴黎有很多教堂，其中大多是歌特式的大教堂，建于17世纪的St-Roth大教堂是一座巴洛克式的建筑，里面收藏许多来自著名修道院及教堂的艺术精品。我以教堂左侧回廊右手边的雕像为主体做构图示范。

在一个拍摄现场，不要有任何构图框架，什么井字格、黄金比例，想都不要去想它，让镜头的视野自己去找寻它的焦点，借它来说故事，左页下图写实地呈现雕像在教堂所处的位置，虽然在拍摄现场，它只是一座不能动、矗立在座上的雕像，但在开始变换角度后，它却有了全然不同、很有表现主义风格的味道。

这组影像所营造出的构图趣味，我不再一一以文字表述，读者们可自己领略，相机镜头有如画笔，我们可以通过镜头视角，很自由地挥洒、呈现所要的感觉。

香榭丽舍大道上的乞丐

摄影小札

影像背后的拍摄态度是可以操控的，例如这幅巴黎香榭丽舍大道上的行乞者，与道路上的海报，在客观条件上全无关系，然而这些海报是法国著名的时装杂志《*Vogue*》的历年封面特展，两相比对着实讽刺！

左上左图封面戴红帽的女郎与左后模糊的行乞者，形成了一个强烈而讽刺的对比。左上右图及右图另一组写实意味较重的画面，呈现了路人的冷漠，海报图像所散布的奢华，对比着行乞者和他的狗，更显炎凉与无助。我们可以借着镜头视野来说故事，有时却可能充满自以为是的剥削，与事实全然不同，然而镜头是一支笔，它可以借着构图方式达成会意的效果。

Chapter 6

如何锻炼自己的
摄影功法

找个小题目开始

对有心在摄影取景构图、内涵理念更上一层楼的初学者，或深陷瓶颈的进阶者，我建议：不要凭空想象，而是要让视觉导引你，找个题目下手，会是最有效率的练习方式。专题拍摄，除了对摄影取景、叙事能力提升大有助益外，更容易建立自己的摄影美学观。

底片时代，我们大多是单张逐一查看所拍影像，数码影像却不是如此，当在计算机屏幕上呈现影像时，我们常常是成批地快速查看，在比较并淘汰后，挑出最喜欢的照片。

投资一次就可永久使用的存储卡，改变了人们的拍照模式，对职业摄影家而言，他们初期对数码摄影的抱怨，也是拍了一堆又一堆看起来都差不多的影像！选片过程耗神费时。

仍记得以幻灯片摄影时，每次我将冲出的36张、顶多37张的幻灯片自盒中取出，通过放大镜，从类似的影像中挑出最好的一张之后，其余全扔进垃圾桶。

使用数码相机拍照，拍到忘情，不计其数的数码影像在筛选编辑过程中是一个灾难，为此很多人根本不想整理它。

富冈鱼市场

拍摄模式 / 光圈优先．光圈 f/5.6·快门 1/125秒．ISO 2000．37.1mm DSC-RX100M2

到拍摄现场，只要拿起相机，就会找到焦点，不要预设立场，也不要期待，只要放心地参与。这几组影像都是同时段拍完的，除了拍得从容，自己也玩得很快乐。底片时代，摄影不可能如此机动，这个大转变，也让摄影从原先的旁观记录者变为身历其境的参与者。

摄影小札

热爱生活的人，能轻易地在摄影里找到一个抒发心情的天地，我从小就喜欢海洋，因为不能在海上漫游，我对捕获自海洋的鱼更加好奇，台湾四面环海，想要拍鱼一点也不难。在台东时，我最爱逛离台东市区不远的富冈渔港，渔港不大，拍卖的鱼大多是船家前一夜出海捕获的近海鱼。清晨六点，渔船陆续回港，九点整，鱼市场开始拍卖，一时间，寂静的市场，瞬间变得热闹起来，除了喊价声此起彼伏，更有人在盘算如何以低价取得，此时，却仍可看见地上还活着的鱼仍在大口呼气。
生活是个剧场，人生更像一个大舞台。能拿一部轻巧的小相机，记录人间的点滴真是一件令人愉快的事！
有太多的人抱怨不知能拍什么，甚至不甘寂寞地去跟拍一些自己全然没有兴趣的题材，生命的图像来自生活中的点滴，只要愿意，都能从相机的小取景器中发现一个全然不同的世界，它会提醒我们，原来自己从没有这样端详凝视生活，而那竟是生命最大的力量泉源。
小小的鱼市场里有很多故事，例如我从不知道芭蕉旗鱼，更不知渔获关系着海洋生态的巨变。
一个随手拍摄的题目，影像上都能如此丰富，若认真拍起来，岂不更可为？
身陷瓶颈的摄影人，不要凭空想象，而是要让视觉引领你，拍摄一个小专题，都可以让人立即找到突破之道，且发现它竟是如此丰富，让人无暇再思考要拍什么的问题。

没有节制地拍摄当然会影响到拍摄模式，但像底片时代单张、审慎按快门的摄影方式一样不实际。对有心在摄影取景构图、内涵理念更上一层楼的初学者，或深陷瓶颈的进阶者，我会建议：找个题目下手，会是最快的练习方式。

拍摄时使用一个不能换的定焦镜头，或从广角到长焦的伸缩镜头都可以，跟着这个主题，先拍了再说！在整理所拍影像时，你一定会发现有几张吸引目光的影像，这些精挑出的影像，会潜移默化、下意识地成为你取景构图的参考，逐渐积累出自己的摄影叙事美学。

小题目的拍摄练习，绝对比单张乱拍有效率，例如一会儿拍花，一会儿拍人，一会儿又是风景或是晨昏夕阳，从广角到长焦或特写、显微、眼花缭乱、五花八门，摄影功法极难沉淀。任何一个小题目都会有某些小弊端，甚至连镜头选择都得纳入考虑的范围。若以专题摄影的方式来锻炼自己，除了会在取景构图上得以精进，也较容易建立起自己的摄影美学。例如很多专业摄影家，在被发掘并晋身专业前，大多是拍摄个人喜爱的专题出身，有的著名摄影家，终其一生，更只是经营一个题目，对别的题材视若无睹，从不涉及。

数码摄影的便利之处，也正是麻烦所在，过多的选择与强大的功能，有时让人无所适从，不似其他艺术类型，例如文字创作，就有散文、小说、诗词等，文体技巧各不相同，表演艺术更是如此，舞蹈有芭蕾、现代，身形语言各有归宗，歌唱也有美声唱法、流行唱法，然而摄影在数码技术的革命下已成为门槛最低的艺术类型，谁都可参与，正因为如此，化繁为简，一种较单纯的摄影模式仍是较佳的渐进训练。

数码摄影很容易让人无法节制、拍个不停，为此很多人想念底片摄影的审慎。为了控制自己没有节制的拍摄方式，我曾使用一个非常笨，却很管用的方法（这只能在不抢快门的情况下进行）。在法国拉图雷特修道院任驻院艺术家时，我常重复拍摄某一个景点，例如修院的地下教堂，我故意只带一张存储卡，拍满了——淘汰后又重来，最后回到寝室时，这张存储卡全是饱满且值得留下的影像。

数码时代，我学到一个真理，好的影像是你的，不会有人在乎你是如何拍到！若真的无法控制自己，试试这方法会很管用。

下面这几个范例全是用一台不能换镜头的小相机拍摄的，若有更多镜头可选择，每个题目更能做大，我故意选择这个范例，意在提醒读者：莫因题目小而不为，那些可以让我们更上一层楼的摄影视觉元素，就在生活里。找一个小题目，以点的方式接近主题，我们总会捞到一些东西，那些不经意被捕捉的画面，会不自觉地成为构图的参考，更有机会成为自己专属的摄影美学。

拍摄模式／光圈优先．光圈 f/6.3·快门 1/60秒．ISO 1600．20.2mm DSC-RX100M2

摄影小札

数码摄影，信手捻来，都是可深耕的大小子题。随手拍的鱼，都如此丰富，至于一直在变化的现场，更是有很多出奇不意的画面。摄影训练，最好的模式就是"少想多拍"，认真地拍与编辑，切莫小看这些无足轻重的小专题，它往往是庞大、更有分量的专题起源。

鲤鱼山下的清晨市集

拍摄模式 / 光圈优先．光圈 f/7.1．快门 1/400秒．ISO 400．35.0mm DSC-RX1

晨光下的市集是天堂的缩影，因为里面所贩卖的皆是来自大地的丰饶物产，坐禅化缘的人在耀动的光影、色彩丰富的画面中，与来往行人恰成有趣的对比。东部夏日的阳光，晶莹剔透，将大地映照得漂亮无比。如果身携一个长镜头，定会拍到更有张力的影像，这表示我仍得再接再厉。

摄影小札

台湾的日常生活里处处可见世界各地难得一见的视觉符号，由于时差，我在台东期间，半夜三点就起床，离开住宿的修院，一个人来到市中心的鲤鱼山，这儿曾是台东最著名的旅游景点，由于火车站外移，这儿已日趋没落，然而鲤鱼山仍是眺望整个大台东的最佳景点，尤其令人惊异的是，根本不费什么脚程就可来到山顶，饱览美景。然而很多人看到不高的鲤鱼山，就不屑一顾，摄影也是这样，有人成天思索如何去找一些有趣的题材，甚至为此千里迢迢地飞到国外。

山不在高，有仙则灵，只要打开心灵的双眼，我们的生活里都是可入镜的题材。就以鲤鱼山山脚下的市集为例，饱览了日出美景后，我一个人走下山来，首先映入眼帘的是晨起运动的人，后来又看到这可爱的市集。据说这儿的卖家大多是贩售自家所种的产品，每一件物产除了丰美，价钱更实惠得令人咋舌。

回到修院，我对朋友提及这市场的神奇，他们却惊呼菜市场有什么好拍的。可惜时间有限，不然这一处小地方绝对可拍出一本深入、五彩缤纷又具分量的好书。平日外出，我随身携带一台不能换镜头的小相机，虽然视角有限但仍可发挥，若我们能开启心灵的门窗，以欣赏甚至感恩的态度环顾四周，就会发现生活周遭永远有耕耘不完的题材。

摄影小札

总有朋友对我抱怨不知能拍什么，甚至连外人帮不上忙的摄影构图也要请教，当数码科技让记录影像变得越来越容易时，我越发觉得，我们怎么看待自己与周遭的生活更是重要。就以这再熟悉不过的市场为例，若真的放慢脚步，放心去看，定会端详出一番前所未有的趣味。我们大可不必为观看而观看，但若是对周遭视若无睹，或无动于衷，那不是摄影技术出了问题，而是心灵有了危机。

白墙

拍摄模式 / 光圈优先. 光圈 f/9.0・快门 1/160秒. ISO 50. 35.0mm DSC-RX1（左图）
拍摄模式 / 光圈优先. 光圈 f/11.0・快门 1/500秒. ISO 250. 35.0mm DSC-RX1（上图）

我很喜欢这张影像，白墙背景，配着呼啸而去的摩托车，反差效果十足迷人。

这张影像是等出来的，当我构好图后，就在路边等君入瓮（如果他身上穿一件红色的衣服，会更漂亮），我故意将光圈调小，让快速通过的车子留下一个晃动的影像。

摄影家常常是从好几张类似的影像中，挑出最喜欢的一张，这也是我找一个题目下手，然后一张张认真拍，就像勤撒网的人，总会捕到大鱼。

摄影小札

清晨，我沿着台东市区的海滨公园前进，就在快走到尽头、存储卡用尽时，却发现马路边一栋非常具有艺术性的白色建筑，如果不对人言明，我都可以以假乱真地告诉别人这影像摄自地中海的某个国家。存储卡已满，我不得不跑回住宿屋，换了一张，再跑回现场。可惜我的舞者朋友不在身边，若有他们在墙前起舞，我真的可以这面墙为背景拍个够。

拍照往往是无所为而为的，拍照的人，一定得是一位行动者，即使是近在身边的美景，也要懂得去挖掘，看到了、看准了，就开始大作文章。很多作品级的影像往往来自无心插柳。

庙会八家将

拍摄模式／光圈优先. 光圈 f/5.0・快门 1/2500秒. ISO 1250. 35.0mm DSC-RX1（左图）
拍摄模式／光圈优先. 光圈 f/11.0・快门 1/640秒. ISO 800. 35.0mm DSC-RX1（上图）

只要认真拍摄一个主题，不论时间长短，一定能拍到一张较好，甚至很好的影像。我
很喜欢前页这张影像，身着粉红色衣衫的年轻人，扮演的是八将将中的夏大神将，回
眸刹那，为这张影像增添趣味，右边身着白衣的秋大神将，帽子反光，让影像更丰富
（这反光是个意外，原来我的镜头在慌忙中被摸得很脏，未清掉的油脂，产生了一种
晕光效果）。阴间抓鬼的神将在东部大白天的艳阳下，没有鬼魅般的吓人，反而有种
嘉年华会的热闹。

摄影小札

无所事事，我骑着车在台东市区闲逛，看到庙会游行，赶紧回去取相机（真是得随身
携带），我将车子放在路边，一路尾随着有奇特造型的八家将。街头上，他们或入神
或休息的片刻，都是漂亮绝顶的风景。拍摄人物，最难的部分有时不是取景构图，
而是能否让对方不觉得不舒服，尤其是我拿的是全画幅的35mm——非常贴近人身的
广角镜头。

台湾的庙会表现出了平民的活力与心态，他们有的典雅，有的近似乖张（例如辣妹），
但在视觉上几乎都无懈可击，只要拔掉既定的意识形态，处处都是入镜的题材。

围着一个主题，从不同角度中，一定能找到切入点，进而借着一张凝固美好瞬间的影
像，说出有别于现实的故事，而这正是摄影最迷人之所在。

那个大热天的下午，虽然快被烤焦，然而眼前的一切，仍令我着迷地跟拍不停。

布袋戏

拍摄模式／光圈优先．光圈 f/9.0・快门 1/80秒．ISO 6400．35.0mm DSC-RX1（左图）
拍摄模式／光圈优先．光圈 f/4.0・快门 1/15秒．ISO 6400．35.0mm DSC-RX1（上图）

快开戏了，戏班子老板与他的伙计，按着脚本在整理戏偶。这张影像视觉丰富，人工光、自然光交织，好不热闹，戏棚外大雨滂沱，棚内的人全未被打扰，专心地工作着，没人看戏，演戏者心中却自有神明，一丝不苟地把戏演完。如果摄影者心中也有一个心无旁骛的信念，定能在自己的影像世界里，耕耘出一片饱满、让人刮目相看的摄影天地。

摄影小札

没有底片成本负担，我们拍照可无所顾忌地放手一搏。任意找个吸引自己的画面潜心拍照，对摄影取景、叙事能力的提升大有助益。

在台北住处乘坐蓝5公交车下山，在吴兴街底的一处小公园，惊见这个为酬神演出的布袋戏班，虽然是大雨倾盆，我仍不顾快迟到的约会，赶紧跳下车来拍照，由于离开台演出仍有一段时间，在拍了演出人整理戏偶行当后，不得不上路，晚上再回来。

数码相机越做越小，增添了摄影的机动性，我拿着这台不能换镜头的小相机，台前台后拍个不停。迷你的戏班由一人担纲演出，可惜台下没有人欣赏，那感觉可能比陈明章所写的《下午的一出戏》歌曲还要凄美。被大楼包围的小戏班在这都市丛林里，十足的超现实。演出完毕，小戏班怕被开罚单，连夜拆台，消失在无边的黑夜里。一场午后雷阵雨的邂逅，却成为我上飞机前最美的惊叹号。

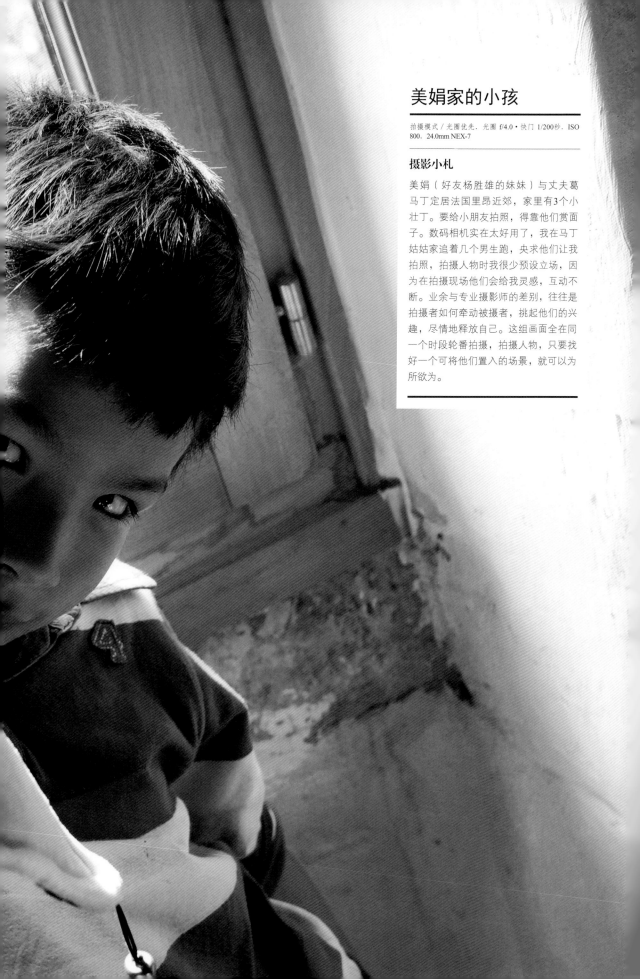

美娟家的小孩

拍摄模式／光圈优先．光圈 f/4.0・快门 1/200秒．ISO 800．24.0mm NEX-7

摄影小札

美娟（好友杨胜雄的妹妹）与丈夫葛马丁定居法国里昂近郊，家里有3个小壮丁。要给小朋友拍照，得靠他们赏面子。数码相机实在太好用了，我在马丁姑姑家追着几个男生跑，央求他们让我拍照，拍摄人物时我很少预设立场，因为在拍摄现场他们会给我灵感，互动不断。业余与专业摄影师的差别，往往是拍摄者如何牵动被摄者，挑起他们的兴趣，尽情地释放自己。这组画面全在同一个时段轮番拍摄，拍摄人物，只要找好一个可将他们置入的场景，就可以为所欲为。

美娟家的小孩

摄影小札

小孩的世界没有未来式与过去式，而是全然活在当下的现在进行式。

除非是委托摄影，我极少事先计划，许多看似庞大而又严肃的专题作品，起先大多是没有目的地即兴发挥。我们的教育总喜欢先设定一个目标，然而不管适不适合，甚至削足适履，只为符合这目标的期望，算计心十足的追求，全然忽略了一直在变化，甚至得随时修正的真实人生。

摄影，往往是在勤奋的拍摄中，逐渐成型一个不在期待中的具体方向与目标，就以这组小朋友的影像为例，嬉戏中，一张张不在算计中的影像如泉涌般地倾泻而出。

Chapter 7

打造摄影之路
就从生活周遭开始

拍照，除了记录某些人、事、
物、景，最深的渴望应是借着摄
影进行"美"的追寻，一种完全
由自己发觉与完成的美感经验。
与其盼望被众星拱月般地受到肯
定，不如努力做个能发光的太阳。

有位摄影爱好者对我说："我上个星期去参加一场外拍摄影比赛"。

"那一定很有趣！"为了解他拍些什么，我兴奋地追问。

"一点也不！我对那主题压根没兴趣！"

"那为什么还去呢？是为了奖金吗？"我为朋友的回答讶异不已。

"因为别人都去了，我也想去证明一下自己的实力！"

"如果你不忠实于自己的感觉，即使拿了奖也不会高兴的。"我说。

每次与摄影爱好者对谈，我总发现很多人很在乎别人，却不是自己的感受，还为此饱受折磨。有一本工具书甚至还谈到这样的议题，因为实在是太多人为此踌躇苦恼，甚至放弃摄影。

我们为什么拍照？除了记录某些人、事、物、景，最深的渴望应是借着摄影进行"美"的追寻，一种完全由自己发觉与完成的美感经验。

被媒体操控的现代人很怕独处，更害怕坚持所见，独自去追寻美的领域，然而若不聆听自己，忠于自己，想要在摄影天地有所突破反而更难，再多、再好、再先进的摄影器材，也不见得能增进摄影成就。

如何借摄影表现自己的感觉？应先问自己"最想尝试与表现的题材是什么"。

盛开的郁金香

拍摄模式／光圈优先. 光圈 f/7.1 • 快门 1/320秒. ISO 100. 30.0mm NEX-7

钻研任何一项艺术，得先耐住性子，诚实地与自己的感觉相处，既不自卑也不自大。人都需要被肯定，但大部分成功的人都不会与他人提及自己的孤单岁月。

曾读过一篇小故事，纽约大都会歌剧院某位女高音，有一次因代替一位生病、临时无法上场的女主角，第二天，纽约时报大篇幅报道这位女高音一鸣惊人。成名后的女高音哑然失笑地说自己在同一个舞台上站了很多年，却从未有人注意她的存在。

我喜欢花的原因之一是，不管有没有人欣赏，它们都开得很漂亮、自在。

摄影小札

"怎么不知道拍什么呢？"我很不解许多摄影爱好者经常这样抱怨。只要有一颗开放的心，人间到处有入镜的题材。春天，华盛顿的郁金香盛开，我带着相机捕捉它们的丰姿，我并没有想拍作品的野心，只想参与美丽的春日，留下一些脚步。

花园的椅子

拍摄模式 / 光圈优先．光圈 f/8.0・快门 1/125秒．ISO 100．24.0mm NEX-7

摄影小札

虽然没有人在座，但我觉得这些椅子好像在交谈。对一般人而言，不就是一堆烂椅子吗？但对爱摄影的我而言，却觉得这几张椅子绿白相间相当好看，尤其是温暖的阳光，增添了它们的魅力。我相信，只要热爱与欣赏生活，就不会找不到创作的题材与拍照的对象。

小到生活点滴，就连自家的摆设、植物，甚至是自家人、巷道都是入镜的好题材，大到古迹、景点，一场庙会都可以拍，反正数码摄影又没有底片负担，一个再不经意的小题目，都能凝炼出生活、甚至是生命的观点，若开始拍照就思考影像的命运，我不会再拍照；恰如写书，若成天想有谁会读这本书，应会烦恼到没勇气提笔。

人都需要他人肯定，一位作者得到读者回应是多么令人高兴的事，然而得到肯定不是拍照的目的，那顶多是锦上添花。拍照是个人的事，没有人能为你按下相机快门，把渴望被肯定的时间与精力花在自己身上最实际。有句话说得好，与其盼望被众星捧月，不如努力做个能发光的太阳。万一有被别人批评的不快经验，应先辨识究竟是建议还是忌妒？只要常肯定自己与别人，想在摄影领域更上一层楼，并没有想象中的困难。

对自己要有信心

很多摄影爱好者喜欢问专业摄影家，需要多久才能达到这样的水准、这样的成就？有个发人深省的小故事值得参考：有一位爱花的人很喜欢问人种花知识，但凡萌芽、开花时间，他都打听得一清二楚，甚至还问到花好不好养的问题，最后实在没有问题了，他竟问那人可不可以给他一些建议？

"你得先播种！"那人不假思索地回答。

我在台湾没有得过任何摄影奖，年轻时参加比赛，全部作品，无一获奖。

被20家艺廊拒绝后，我才有机会举行第一次摄影个展，就在我举行摄影展前后，仍有人说我拍的东西是垃圾。至于第一本书，更被无数出版社拒绝后才得以出版，被拒的经验当然不好受，但不尝试就更没有机会。门里门外的经验多了，我再也不在乎资历虚名，能继续保有摄影热情比较重要。

有志于摄影恰如播种，我们得对那颗小种子有信心，如果动不动就挖出来瞧瞧它长得如何？它必死无疑。用一颗开放的心，严肃但幽默地面对自己的摄影之路，尤其是别人不"看好"，但自己很想拍的题材。《圣经》曾描述种子中最小的芥菜种子都可以变成让飞鸟栖息的大树，一个小酵母都可以让整袋面粉发酵，摄影也是这样，若太过患得患失，摄影之路会很辛苦；反之，只要开始了，总会遇见志同道合，乐于成就你的人，再不然，还有拍照的过程，也能带给自己很大的乐趣与慰藉。

起码这是我的经验。

石头的肌理

拍摄模式／光圈优先. 光圈 f/7.1・快门 1/800秒. ISO 200. 35.0mm NEX-7

摄影小札

朋友带我去里昂近郊爬山，去看勃朗峰，他们一路向前，而我却对路上的石块感兴趣。黄绿色的苔藓好像石头身上的彩衣，垒垒相叠的石块像呼吸般彼此私语。信不信由你，这个单色调的画面若细心经营，定会相当有看头。所谓的摄影名家，往往只不过比一般人多一双懂得欣赏的眼睛，路边的石块也许不比博朗峰壮观，但也不逊于缥缈的高山。

大理的妇人

拍摄模式／光圈优先．光圈 f/6.3·快门 1/160秒．ISO 1600．35.0mm NEX-5

摄影小札

朋友带我去云南大理的白族村庄游玩，我随手拿起相机，拍下一位在村前庙旁卖早点的妇人，那真是一种美丽的情调，尤其是画面中为妇人守卫的石狮子。这是一张无足轻重的旅游照，但只要深入，它会有什么含义，很难预料。

皮匠

拍摄模式／光圈优先．光圈 f/4.5·快门 1/50秒．ISO 800．24.0mm NEX-7

摄影小札

摄影没有别的诀窍，就是拿起相机拍照。我在瑞士白冷会院期间到附近村庄游荡，看到一家皮革专卖店，我对皮革本就有兴趣，硬着头皮进入小店与主人交谈，问一些皮革的知识，店主得知我来自台湾，兴奋地告诉我，他父亲去过台湾，因为他弟弟当年曾在那里读书。搞了半天，他们是不远处白冷会院的朋友，我不免开玩笑，人千万不能做坏事，这世界到处都会遇见朋友。那一次午后邂逅，也为我的探险增添了美丽的回忆。

过马路的女孩

拍摄模式／光圈优先．光圈 f/8·快门 1/400秒．ISO 100．110.0mm NEX-7

摄影小札

摄影为什么要有目的？就像唱歌一样，想唱就唱，自娱优先，能否娱人不是重点，用这样的心态来拍照，会让人感觉很快活。

我与朋友在台南漫游，他却一路抱怨我到处停下来拍照，就连过马路都在拍，简直有毛病！晚上他从计算机屏幕前看到这张影像，很惭愧地说，原来路过瞬间在镜头里都可以这么漂亮。

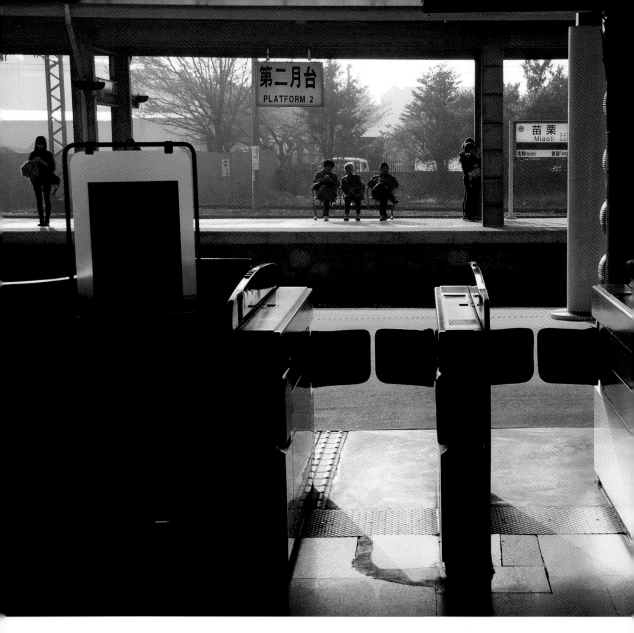

苗栗的车站

拍摄模式 / 光圈优先．光圈 f/5.6 · 快门 1/2500秒．ISO 400．35.0mm NEX-7

摄影小札

身为生在台湾的人，我很多地方都没去过，苗栗就是其中之一，新年期间，朋友邀请我为他们全家拍照，我第一次有机会来苗栗，临别前，实在喜欢这美丽安静的小城，我在进月台前，拍下这张光影交错的影像，也算是苗栗一游的纪念。

山村的小酒馆

拍摄模式 / 光圈优先. 光圈 f/6.3・快门 1/125秒. ISO 100. 200.0mm NEX-7

摄影小札

在瑞士乡下游玩，路过一间酒馆，阳光将这平凡的店面装点得活泼盎然，拍完照后，酒馆主人竟请我喝了杯啤酒。只要拿起相机，就会有机会拍到一些好玩的东西。对于不知拍什么的朋友，我建议什么都不要想，出去走走，拍了再说，拍照不是在决定什么人生大事，任何艺术工作者都公认，他们很多重要的作品不是"想"而是"做"出来的，所谓的"游于艺"可能就是这样吧！

墙上的照片

拍摄模式／光圈优先．光圈 f/5.0・快门 1/100秒．ISO 800．24.0mm NEX-7

摄影小札

我与一位瑞士修士朋友去拜访他的家人，在他做铁匠的弟弟家里的墙上，发现这拼图的墙面，上面除了过世的亲人照片，还有生意订单、纸条……简直是一个生命万花筒。只要能放开心，对周遭一切充满好奇，就不难找到可入镜的题材。

大头祥的海鲜

拍摄模式／光圈优先．光圈 f/5.6・快门 1/80秒．ISO 1000．35.0mm NEX-7

摄影小札

我在台南的好友何兴中老师，很喜欢美食，东门圆环的大头祥海鲜是他的最爱。每回到台南，好客的何老师，总不顾荷包失血的"危险"邀请我们来这大快朵颐。摊子上的鱼，漂亮得让人按下快门，若问拍照有什么目的，到不如先拍了再说。

慈济宫的剪黏

拍摄模式／光圈优先．光圈 f/5.6・快门 1/800秒．ISO 100．112.0mm NEX-7

摄影小札

我从未到过台南学甲镇，镇上慈济宫的叶王交趾烧远近闻名。一天下午，我托朋友带我前来瞻仰，不巧馆方休息，然而我却为庙顶端的剪黏着迷，尤其是正中央的三位福神。
不知道拍什么？害怕别人怎么想？如果真喜欢摄影，只要拿起相机就不会有时间去烦恼这根本不存在的问题。

Chapter 8

专题摄影的
经营与分享

任何想从事深度摄影，不愿只停
留在"匠"的层次的摄影爱好
者，都应该在个人识见、修为上
下功夫，这才是摄影最具挑战与
有趣的部分。相机犹如摄影家的
另一双眼、另一支笔，如何具体
呈现对被摄事物的观感，向来是
他们最关心的议题。

摄影有许多类型，在平面媒体兴盛的年代，因功能需要而有所作为的新闻摄影、报导摄影、商业摄影、人像摄影、艺术摄影等类别，又可再延伸好几个类别出来，例如报道摄影，有的专攻自然生态、人文纪实，或专精历史地理，有的更以恐怖的战争为主题。无论摄影师从事哪种摄影，他们皆以相机作为工具，摄影有如他们的另一双眼、另一支笔，呈现对所有被摄事物的观感陈述。

当他们以影像示人时，极少谈到技巧，因为摄影技术不过是光圈、快门与不同镜头视角的组合，不值得去深述。从有深度的摄影家作品中会发现：影像动人的要素绝不是表相的技巧，而是摄影家个人的识见与修养，任何想从事深度摄影，不愿只停留在"匠"的层次的摄影爱好者，都应该在个人识见、修为上下功夫，这才是摄影最具挑战与有趣的部分。当数码摄影改变摄影生态，模糊专业与非专业界限时，摄影者更可自问，自己最想拍的题材究竟是什么。

如何经营题目？如何着手？答案不尽相同，也没有公式可循，这一章，我稍稍提一下近年使用数码相机后所创作的一些专题，也许可供读者借鉴。

书写之前，得先声明，下面几个题目全是个人选择，是没有工作合约下的自由创作，对有心从事摄影创作但无处发表的朋友，应该是个鼓舞。

拍摄模式／光圈优先. 光圈 f/8.0・快门 1/200秒. ISO 100. 35.0mm SLT-A99V

摄影小札

此景只应天上有，人间难得几回见。小红莓收成的景观，美得令人屏息，还好我带了偏光镜，否则反光极强的水面，颜色会完全淡掉。

一、采收小红莓

小红莓是一种爬藤植物，采收时，农人特别将水引进低洼田地，再派遣工人推着机器震动田中的水，将成熟的小红莓自蔓藤上震落，浮到水面，最后再以充气的橡皮管围成圈，集中以机器抽送上来。采收完的田地，水不再抽干，冬日水面结冰，正好保护泡在水底下的小红莓，春天水退时再重新生长。

得知纽泽西州的小红莓要采收，我特别请朋友安排自己前来拍摄采收过程，小红莓产地大多处于低洼地带，若不是有人安排，工作量极大又危险的采收现场大多不欢迎参观，由于不是工作，我相当迁就拍摄环境，尽量不给采收的人找麻烦。

采收小红莓是一项极费劳力的工作，来这里做事的工人大部分来自其他地区，他们大多夏日来到农地，秋末冬初，采收完毕，感恩节前再回家乡，典型的季节性工人。

红莓采收季节已是秋日，蓝色的天空水天一色，与红莓形成强烈对比。这题目有太多切入点，小红莓在水天一色的水里就已非常壮观漂亮了，然而在深入拍摄后，我对季节工人的故事更着迷，然而那可是得花上一段时间经营的大题目了。

拍摄模式／光圈优先，光圈 f/8.0 • 快门 1/80秒，ISO 100，30.0mm SLT-A99V

摄影小札

小红莓生产于低湿地带，田间还有比人高的沟渠，探路人以手杖探测水的深度，工人推动震水机器尾随于后，就这样如犁田般来来回回，沉入水底的小红莓陆续被震到水面上来。震到水面上来的小红莓，最后被充气的管子圈在一起，岸上的工人再将管子收拢，以抽水机将小红莓抽上来，直接装上卡车运走。

拍摄模式 / 光圈优先. 光圈 f/5.0 · 快门 1/640秒.
ISO 400. 70.0mm SLT-A99V

摄影小札

小红莓采收现场美得像一幅画。浮
世人生，处处是风景，摄影最好玩
的地方是，可以在很短的时间里，
用我们的镜头视野，将那个开放而
辽阔的画面，沉淀为令人感动的心
灵反射，所谓的专业摄影家，只不
过比常人更懂得敏锐地观看，看似
高不可攀的闪亮结晶，其实是可以
经由训练达成的。

拍摄模式／光圈优先．光圈 f/8.0・快门 1/50秒．ISO
320．35.0mm SLT-A99V（左页上）

拍摄模式／光圈优先．光圈 f/5.0・快门 1/200秒．ISO
320．905.0mm SLT-A99V（左页中）

摄影小札

太阳快西下了，采收工人忙了整整十几
个钟头后，将震水机推上岸边，准备回
住处用餐休息。

拍摄模式／光圈优先．光圈 f/5.6・快门 1/320秒．ISO
320．35.0mm SLT-A99V（右图）

拍摄模式／光圈优先．光圈 f/5.6・快门 1/320秒．ISO
320．16.0mm SLT-A99V（左页下）

摄影小札

一天的工作结束了，来自异乡的季节工
人，终于展开笑颜，谈谈工作的辛劳与
远方的家人，今年收成不错，在拿到报
酬后，他们都渴望感恩节前回到家乡与
亲人团聚。

拍摄模式 / 光圈优先．光圈 f/3.2·快门 1/320秒．ISO 800．35.0mm SLT-A99V

摄影小札

太阳下山了，水天一色的湿地恢复了平静，等待另一天的黎明到来。

僧侣

拍摄模式／光圈优先. 光圈 f/4.5 • 快门 1/80秒. ISO 1600. 120.0mm DSLR-A900

摄影小札

拉图雷特修道院由天主教道明会团体建立，古老的修会与欧陆人文历史息息相关，我故意以僧侣的局部来表现修道人深邃的神秘气质。

二、山丘上的修道院

让我熟悉数码器材，更从中体会数码摄影美学的主题目就是"山丘上的修道院"，这个专题是以位于法国，由20世纪建筑大师科比意所设计的拉图雷特修道院（Covent de La Tourette）为主体。

我与这座修院结缘甚早，早在1991年就曾到此地，由于不从事报道摄影，彼时我对这座现代修道院毫无兴趣，后因媒体需要，我曾以建筑报道观点，创作了一篇故事。那时，我大多将相机锁在脚架上，没有放入个人情感来拍摄这座修道院。

数年后，修道院邀请我担任驻院艺术家，我未敢答应。直到2009年，在我得到一批专业数码相机后，才开始评估，却仍不敢承诺，反而咨询能否先来一探究竟。

抵达后，我尝试以相机观照，甚至以数码黑白模式拍摄，在拍了若干照片后，回到美国，不停地检视所拍影像，在看出些门道后，才正式接受邀请，视作挑战地来修道院常驻。

拉图雷特修道院

拍摄模式／光圈优先. 光圈 f/6.3 • 快门 1/320秒. ISO 160. 200.0mm DSLR-A900

摄影小札

拉图雷特修道院是欧陆建筑大师科比意唯一的经院建筑，这座前卫的房子在20世纪60年代落成，我在这里前后待了4个月，每天随着光影变化都有新的发现。要将一个题目拍得动人需要投入许多时间，就像作家一遍遍修改文字。在修道院期间，我一次次回到同一地点拍照，在拍完较表相的形式记录后，我越来越深入，最后更突破形式束缚，进入较抽象的意境层面。对我而言，摄影已不只是按快门的瞬间，而是意念的酝酿、沉淀与厘清，按快门只是当下感受的凝结。
能这样专心经营一个题目，千载难逢，那每一张被凝固的影像都成为实在的生命记忆。

廊香教堂

拍摄模式／光圈优先．光圈 f/4.0·快门 1/30秒．
ISO 1600．16.0mm DSLR-A900

摄影小札

为了解科比意这位无神论者与宗教
建筑的关系，我甚至到非常偏僻的
廊香教堂。这座建筑奠定了科比意
大师的地位，更让欧陆的宗教建筑
有了新的坐标。对于喜欢拍照的人
来说，光影中的廊香，是他们的天
堂。进行一个有野心的专题，从阅
读资料，到知识沉淀，到最后按下
快门，都是漫长的聚焦过程。

横跨春、秋、冬三季的两次入驻，白天我都在拍照，晚上则整理影像，检视能否还有突破的空间？

两次驻留，拍摄的影像高达数百G字节，虽然在修院时已略作编辑，但回到美国住处仍花了好几个月的时间整编，这部分还关系着我的书写、呈现，让我绞尽脑汁。一年的文字书写与影像整理，成绩非常不理想，最后我将专题暂置一旁。

一年多以后，再重拾这个题目，这段期间我常联系的不是我的文字主编，而是平面设计师，从一开始，我就与设计师好友保持密切的联络，因为这一专题最后将以书的形式发表，平面设计关系着书的最终命运。

这个专题让我学到很多，我不只对数码摄影美学有新的认识，更对出版发表有新的认识。

摄影方面：

1. 数码作业全然打破了底片摄影的思维。可任意调整感光度、白平衡及随拍随看，增强了摄影的机动性，昔日很多难以拍摄、不敢尝试的画面，现在可轻易达成。

2. 由于能立即看到拍摄结果，即兴得以全然发挥。为此在拍摄现场，我从不预设立场，而是放开心自由地观照，从影像中探索可能。

3. 一边拍照，一边编修。拍照过程是全然现在进行式，工作量因此大增而不自知。

4. RAW格式文件有非常大的宽容度。曝光不足两格、超过两格都能调整且保有细腻层次，在不良光源下拍摄时，这一文件格式相当好用。

5. 数码存储卡可重复使用。大量的拍摄，让我越发思考摄影的本质与功能，进而专注影像的心灵表现。

编辑方面：

1. 文件太多，每一张影像文件又可事后处理，且有另创可能。编排上比底片编辑时间增加许多，为此计算机的处理速度及编修软件显得越来越重要。

廊香教堂

拍摄模式／光圈优先．光圈 f/2.8．快门 1/15秒．ISO 3200．160mm DSLR-A900

摄影小札

若没有自然光，廊香教堂将逊色不少，就因为那不着痕迹的天光，让廊香教堂永远有着神秘的优美气息与无所不在的惊奇。很难想象，若只是匆匆来去是否也能领略其中美妙？在廊香时我不是都在拍照，而是努力以身心来与大师晤谈，摄影只是我们沟通的工具。

2. 以个人著书，不以建筑报道的角度来编辑影像。挑出每一张可用影像后，进行整排，以保持视觉连贯，很多非常出色的影像由于前后不连贯，只好舍弃。

3. 相较于拍摄，编辑才是大工程，几万张影像一路删，当数百张结合文字的影像交到主编手上，最后交给设计师设计，光是排版就来回切磋了数次，一次次的磨合，只为将呈现的"焦距"调得更清楚。

4. 仍有大批未用但非常不错的影像只能储存在光盘里，这也是数码摄影的宿命。

出版方面：

1. 数码相机让很多从不接触摄影的人也开始拍照。专业摄影人的生存价值相对变小，缺乏个人识见的报道专题会越来越没有出版空间。

2. 数码影像发表平台变大，很多影像在博客发表后就后继无力。一如出版，除非是抢短线的消费实用书籍，若成本较高、涉及摄影的书籍最好以长销方式考量。

3. 平面出版仍有发挥的空间，但摄影人得从头到尾全权包办。在一个读者已不会主动找书看的年代，摄影人除了训练自己如何叙述一则动人的故事之外，选题也变得非常重要。

4. 摄影人工作加重，但报酬并未相对增加。有心从事出版创作的摄影爱好者得多做评估。

展览方面：

　　目前的网络四通八达，我对需要展览空间的摄影展已没太多兴趣，现行摄影展可能都还要搭配装置设计，近乎一种Show的处理方式，才能更吸引人。

廊香教堂

拍摄模式／光圈优先•光圈 f/5.6•快门 1/8秒•ISO 800•16.0mm DSLR-A900

摄影小札

科比意是玩弄光影的大师。不大的廊香教堂里处处藏有玄机，例如教堂内的小教堂天窗，简直是一幅优美的抽象图画，身为摄影师，最高兴的莫过于能在大师的屋子徜徉，以相机拍出它的姿态、身影。

地下教堂

拍摄模式／光圈优先．光圈 f/7.0・快门 1/.6秒．ISO 200．16.0mm DSLR-A900（左图）

拍摄模式／光圈优先．光圈 f/3.5・快门 1/10秒．ISO 1600．16.0mm DSLR-A900（右上左）

拍摄模式／光圈优先．光圈 f/2.8・快门 1/8秒．ISO 3200．20.0mm DSLR-A900（右上右）

拍摄模式／光圈优先．光圈 f/5.6・快门 1/0秒．ISO 1600．35.0mm DSLR-A900（右下）

摄影小札

我曾在书中形容地下教堂是庞大水泥修道院建筑的心脏。来自三个大天窗的光线，配上红、蓝、黄墙面，光影中的小教堂是幅活动的抽象画。这是修院中我最爱驻足的地方，我常故意以一张存储卡，重复拍摄，更常在这里一坐就是一个下午，那宁静的独处，到今日依然让人想念。

专题摄影

除非是专门派遣的工作，否则一个摄影专题的形成，往往是无心插柳，它可大可小，或一次拍完，或绵延很长一段时间，甚至胎死腹中。然而它若是顺利诞生，会成为个人生命的记忆。

我没有写日志的习惯，但一个个大、小专题，却让我清晰地记得彼时在做什么、想什么、在乎的又是什么。从事一个专题摄影，思考的方面非常多，按快门只不过是抓住必要的瞬间。在平面媒体渐衰的年代，专题摄影者的动力更趋于满足自我，至于它能不能发表，暂不考虑。若专题成熟足以发表，我会很积极地与人合作，碰到问题，也会虚心了解对方担心的是什么，将问题解决。若专题以书籍的形式发表，更会想办法去行销（我也要谋生），在这方面我很实际，因为专题摄影从开拍到发表投资成本不小。

我鼓励有志发表的朋友去除自怜的毛病，若自己的东西够好，却发表碰壁，那就是更好的合作对象或时机还没有出现，暂时放下，先去做别的事，它一定会复活，且比原来的期待更好。

如此想法屡试不爽。

窗户把柄

拍摄模式／光圈优先. 光圈 f/4.5・快门 1/50秒.
ISO 800. 100.0mm DSLR-A900

摄影小札

就因为时间够久，我才能从细节中
发觉这座建筑的美妙，科比意连一
个小小的窗户把柄也不忘巧思。红
色窗帘、黑色窗柄中的一条白绳在
摄影框中，美得令人屏息。

教堂一隅

拍摄模式 / 光圈优先. 光圈 f/5.0 • 快门 1/40秒.
ISO 1600. 100.0mm DSLR-A900

摄影小札

这是修道院大教堂中间祭台边的小
圣堂，我随着光影玩着构图游戏，
不从事严谨的建筑摄影，我极力挣
脱摄影框架，用心来与这座建筑对
谈，摄影可以说是人机一体的最佳
例证。

维修教堂的工人

拍摄模式／光圈优先．光圈 f/5.6・快门 1/320秒．ISO 160．100.0mm DSLR-A900（左上）

拍摄模式／光圈优先．光圈 f/5.6・快门 1/250秒．ISO 160．100.0mm DSLR-A900（左下）

摄影小札

进驻修道院时，整座大修道院也正逐步整修，这张有工人在巡视工程的影像有种乡愁般的萧瑟感，算是拉图雷特修道院的另一种风景。

原始封面——杨启巽设计

书是一个摄影专题的另类结晶，为了维持它的完整，有时不得不把一些极佳、但不连贯的影像拿掉。书封挑选更是一种挑战与学问，因为它负有传达书的题旨的重任。我个人很喜欢这张封面，设计师也做出了到位设计，然而为书店陈列考量，出版社换了另一张影像，草书字体也改成较易辨识的印刷体。日文版封面影像保留，却将副标题变成主标题，造就了另一番趣味。

书盒与封面——杨启巽设计

我的书有书盒设计，设计师故意以修道院的窗户为灵感，当将书放进书盒时，有从修道院内往外看的意向，然而这一设计虽然叫好但执行上有许多风险，未获采纳。

一位艺术家的心血在呈现时有很多问题要克服，就像妇女生小孩一样充满期待。

正式的封面——杨启巽设计

出版社后来选了这张影像作为封面，副标题也从《拉图雷特修道院》改为更有趣的《科比意的最后风景》。此书的出版背后往往有整个团队的通力合作，前提是创作者得先制造"小孩"，这一过程向来美妙，不似生孩子般有诸多压力与变数。

唱片封套

书的传播威力不小，一家法国唱片公司在看到此书的影像后，购买了两张照片作为CD的封面，对方虽不懂书的内容，但视觉影像没有国界，此书的编排也做到了国际水准。

日文版封面

日本的六耀社出版公司未更改书的原始版型设计，也算是对此书美术设计的极大肯定，唯一不同的是将原书的副标《科比意的最后风景》替代主标题的《山丘上的修道院》。一本书在不同的文化国度出版会有不同的考量，能借这个机会了解别人怎么想，也是有趣的收获。

三、公东的教堂

有了《山丘上的修道院》为基础，我在从事台东《公东的教堂》拍摄时，变得更容易掌握，我非常喜欢小教堂光影的变化，光影也成为这一小专题的主轴。

《公东的教堂》也以书的形式发表，有了《山丘上的修道院》的合作团队，这本书在编排方面驾轻就熟许多，然而整本书还是前后来回数次，一直到进厂印刷前夕，仍在修改。

《山丘上的修道院》《公东的教堂》在编辑及美术设计的通力合作下，我头一次能将影像与文字进行完美整合，使书籍有无可取代的完整性。我从不喜将摄影降格为文字的补充说明，然而专业摄影集在书市的接受度上仍很难普及，为此锻炼书写功力，成为另一个有趣的挑战。

数码科技加上网络已全面冲击摄影的发表机制，很多书籍内容在网络如此容易搜索的年代，已没有出版的必要。数码技术将摄影普及化，摄影专题比昔日更需要深度思考。可喜的是，不论网络如何发达，具有个人识见、深度且动人的专题摄影，反而比从前有更大的需要。

除了著书，我还有很多个小专题，它们拍摄的时间长短不一，可能也不会有发表的机会，然而我拍得很高兴。

拍摄模式 / 光圈优先. 光圈 f/5.0 · 快门 1/60秒. ISO 800. 100.0mm DSLR-A900

公东的教堂位于台东著名的公东高工职业学校里，当年由一位瑞士的建筑师所设计，是台湾第一座清水模建筑，更是台湾战后第二座现代建筑，在建筑界有台湾廊香教堂的美誉。我未想把《公东的教堂》变成一本大书，然而在资料汇整后，这书预料之外地成为另一本我很喜爱的著作。

摄影小札

公东教堂很小，我在这里拍摄了数个工作日却乐此不疲。以不凡的心来观看平凡的事物并不是小题大作，就以公东的教堂为例，若只是匆匆来去，很容易只把它当成是一个水泥盒子，然而这一个拥有很多故事的小空间，最后竟成为一本书的内容，甚至广为流传。

拍摄模式 / 光圈优先. 光圈 f/7.1 • 快门 1/160秒.
ISO 800. 3.0mm DSLR-A900（左图）

拍摄模式 / 光圈优先. 光圈 f/8.0 • 快门 1/125秒.
ISO 800. 37.1mm DSC-RX100M2（右图）

摄影小札

也许是拍摄山丘上的修道院的磨
练，在拍摄公东的教堂时，我更喜
欢在光影几何空间里拍出抽象的趣
味，座椅与地板的光线，更让我着
迷。公东的教堂走上一圈3分钟都用
不到，然而我在那里整整拍了好几
天仍不厌倦，认真用心灵的双眼来看
世界，即使是一朵花也可看见天国。

《公东的教堂》平装版封面——
杨启巽设计

这是公东的教堂平装版封面，我们故意选一张教堂正前往门外拍去的影像作为新书的封面，以强调它的建筑，而非宗教层面，借以缩短与读者的距离。

《公东的教堂》精装版封面——杨启巽设计

身为摄影人，自己的作品能以书的形式出版，堪称是最好的结晶。一本书除了作者的摄影文字，更需要编辑及美术设计的加持，好将它的主旨清楚地呈现出来。

设计师在设计《公东的教堂》精装版封面时，故意以厚纸板来象征教堂的清水模建筑，几个彩色的方块，代表教堂的彩色玻璃，玻璃后的眼睛，是当年创办这所学校的外籍神父，也是这本书的灵魂人物。

Chapter 9

数码摄影
发表浅谈

摄影因为数码技术变得非常容易，计算机网络更成为生活必需的设备，未来还会以何种方式来浏览影像，仍属未知。或许该试问自己，我们对影像的期待是什么，也许能再沉淀出新的发表机制。

不管喜欢或认同与否，数码与网络除了全面改变我们的生活外，更影响了许多产业，例如唱片工业因为网络下载，而全面萎缩，然而唱片业赖以维生的音乐，仍被大众喜爱，只是供需方式改变了。摄影亦如此，大批专业平面摄影工作者失业，但摄影却越来越普及。

摄影生态巨变不过短短15年，就连发表机制也完全改变了。昔日，摄影者举办一个摄影展，或出版一本摄影集都是受到瞩目的大事，为摄影展而冲洗照片更是大费周章，例如使用何种相纸、哪种裱褙方式都得细心比较，以求呈现最好的状态，而今数码冲洗，五花八门，除了相纸，就连金属媒介都可涂上感光原料来输出，且质地精良。数码输出，更可以低廉的价钱制作摄影专辑。

网络兴起，专业摄影人除了以网络流传影像，有的更通过网络平台举行摄影展，一般大众连照片都不用洗，网络一上传即可，除了让全世界的人看到，还可能获得无数个"赞"！皆大欢喜。

在影像如此容易复制的今天，"原作"概念受到很大冲击，大多数人，对于制作照片，已不似昔日那般严谨，网络时代的年轻人，对喜欢的影像，几乎全部可以从网络上下载，用打印机打印输出、过了瘾，根本不想去拥有与保存。

罂粟花原野

拍摄模式／光圈优先. 光圈 f/10・快门 1/320 秒. ISO 100. 200mm NEX-7

数码科技让我们身处一个随时随地都可以拍照的时代，摄影发表机制随着网络兴起而全面改变，它还能以何种形式展现仍属未知。然而动人的影像仍能挑动心灵深处对美的热爱与追求。
先拍再说，仍是摄影之道的不二法门。

摄影小札

我和法国友人驱车南下，惊见路边盛开的罂粟花，红绿相间的花田，是大地最漂亮的春衣。由于要继续赶路，我与朋友相约下午回归时再来拍个过瘾。未料，不过数个钟头，早上盛开的花朵在黄昏夕阳仍无限好时，却全然谢去。自然的神奇，让人无法捉摸，赶路时匆匆的猎影，竟将那永不重复的瞬间，永远地捕捉下来。

静山／拍摄模式／光圈优先. 光圈 f/8・快门 1/200秒. ISO 800. 35mm DSC-RX1

数码技术及网络改变了我对"照片"与摄影展的想法，19世纪欧洲开始广建博物馆，除了社会阶层的变迁，更重要的原因是为让更多的人可以看到真迹原作。20世纪90年代，全球各大博物馆、美术馆除了受人欢迎，纪念品卖场内更是人山人海，每位游客都想把名画等各类复制品买回去。不过20年，全球各大美术馆除了人潮不似从前，就连纪念品店生意也一落千丈，原来所有的游客除了以随身携带的相机、手机拍照，更对精美的复制品不屑一顾。

当网络可以如此方便地传递影像与信息，传统"摄影展"的定位与举行方式已受到考验，尤其是数码输出与计算机周边产品，更可让平面摄影展向立体，甚至更多元延伸。

就以照片冲洗制作来说，现在已有很多选择，未来可能还会有更多让人意想不到的新媒介产生，例如美国有些公司，将影像输出透明片，裱在极薄、加上框的LED灯箱上，简直就是一幅透光的照片，框内的影像除了色彩艳丽、暗部细节极佳外，更令人赞叹的是，这些灯箱，由于使用LED材质，除了省电，灯泡更可连续使用数万个小时。

在视听媒体如此多元的今天，我甚至觉得巨型平板电视都是极佳的影像展示器，例如某些制造4K解析度的电视，影像魅力惊人，它比LED灯箱更方便的是连透明片都不必做就可以连续变换影像，更可将多张影像做成类似幻灯片秀的视听节目，甚至加上电影画面，使效果更丰富。也许摄影家未来开摄影展，不用再那么大费周

树影

拍摄模式 / 光圈优先．光圈 f/8・快门 1/250秒．ISO 800．24mm SLT-A99V

摄影小札

也许是发表机制的改变，拍照变得越来越随性与自在。

我很喜欢这张树影，昔日，我大多不拍摄如此平常的景象，然而这清灵的画面，却仍提醒我，对生活周遭要常保灵敏和感恩，这是摄影的最大动力来源。

章的冲洗照片、装框、租场地、印请柬……只要在一个狭小的空间放一台或数台大型电视即可举行摄影展，就连宣传也可以通过网络传送，甚至制作大量光盘副本让观赏者自行播放，或制作成高解析度的文件，在网络上播出即可。

数码时代已证明人的阅读与观赏习惯可以改变，摄影除了有摄影展的形式，还有出书、网络、电视展示等，未来还有什么更令人想不到的方式，实在难以预料。

当视听媒体已无孔不入，好莱坞电影又将影像特效发挥得淋漓尽致的今天，一张照片就能诉说一个完整故事的单纯摄影展，也许会再度流行也不一定。

我个人近年已不再举行摄影展，除了成本过高之外，它的影响效应也已相当有限。此外，现代人已不似从前，舍得在艺术品，甚至复制品上花钱，电子数码产品，反而更能吸引他们的注意。为此，近年我以书籍的形式来记录与表达创作，能如此完整而有系统地表现我的摄影创作，非常可贵。此外，自己的作品能直接与读者接触，让他们捧在掌心阅读，更是特殊。

摄影因为数码技术变得非常容易，计算机网络更成为生活必需的设备，未来还会以何种方式来浏览影像，仍属未知。或许该试问自己，我们对影像的期待是什么。为此，也许能再沉淀出新的发表机制，然而在得出结果前，拍照的热情得持续维持，那是任何发表机制的根本，就像唱片工业一样，虽然市场极差，依然不能摧折创作者的热情与灵感。

罂粟花 / 拍摄模式 / 光圈优先. 光圈 f/11 • 快门 1/200秒. ISO 400. 100mm SLT-A99V

山墙

拍摄模式 / 光圈优先. 光圈 f/5.6 • 快门 1/1000秒. ISO 200. 63mm NEX-7

发表形式会影响观看影像的感受，例如透光的LED面板、Full HD或4K电视，都能将数码影像展现得非常全面与具体。此外，它们的播放与呈现方式也比单张照片有更多的表现可能。

昔日，一张放大精美的照片就是影像最好的出路；今日，随着科技的发展却有更多的选择，效果甚至比不能透光的相纸好许多。也许你能从这些优良的呈现媒介上，有机会重新认识自己的影像，从中找到更新的观看与创作灵感。

摄影小札

台南学甲慈济宫的山墙，是一幅美丽而丰盛的杰作。台湾四处有可入镜的题材，借着摄影，我们有更多美好的机会来重新认识与欣赏这块被我们忽视的土地。

摄影——
一种不在计划中的发现与欣赏

与传统摄影相比，数码摄影充满太多可能，本书交稿后，我再度拾起相机拍照，却又有新感触，赶紧请编辑将整理好的内文寄回，好再增添几笔，若不是有截稿压力，这本书可能会随着我随时在改变的拍摄心得，继续下去。

多年未拍秋景，或许是太兴奋，或许是树叶变化速度惊人，我拍得又急又慌，两度将配件忘在拍摄现场，再也找不着。此外，沉重的相机与镜头，让我又开始动心是否得换一套较轻巧、刚上市的器材。

日新月异的数码时代，整个人不自觉变得很贪婪，在一部相机还未真正物尽其用时，却又开始向往更轻巧、功能更庞大的新机型。存储卡虽容量庞大又可重复使用，我却开始怀念昔日好整以暇的拍摄方式，我极力思考：为什么便利的数码技术反让我拍得心慌意乱、没有成就感？

原来是功能强大的数码相机，让我总想在最短的时间内拍尽动人盛景，却没有真正深入与沉淀。

明白这一道理后，仿佛回到从前，我只带一台相机，一个镜头就出门，拍累了，甚至找个野店，去喝杯热咖啡，与旁人闲聊。人间每一刻都是风景！我得将摄影的乐趣落实于有感而发的当下。

本书封面，恰是摄自我秋日摄影最后一日，那天有位朋友来访，我临时请他当助手，与我到附近的一处公园内的脚架上，装上

窗帘，好制造一种由窗外往外看树林的浪漫感觉。

但由于光线不好，加上架上的布总是飘不到我想要的位置，最后，我不耐烦地将窗帘布卷成一团丢在栏杆上，准备打道回府，就在我准备撤离时，竟从镜头里发现这块布的纹理美得出奇，让我情不自禁地猛按快门，当公园保安经过我们身边时，都好奇地停下来问："为什么对着布，而不是公园拍照？"

身为一位摄影书作者，总想将书的内容变得丰富，然而我从不喜夸大其词，但一本书，想在网络时代生存，非得有独立生命不可。

我极力为这书定位，直到拍到封面这组影像后，心情不再忐忑，因为它让我重新领会摄影的乐趣———种不在计划中的发现与欣赏，此外，这组影像也很符合数码摄影即兴发挥的精神，若以底片拍摄，很可能就不会有这样一个有趣的创作。

一堆烂布都能拍出一个美丽的世界，那么其他事物呢？

这世界有拍不完的题材，我希望这本书对读者的摄影养成有所助益，不辜负那么多树木为这本书贡献纸张。此外，我更祝福读者拥抱自己的生活，认真对待自己的摄影世界，不必跟风，更不用人云亦云，没兴趣的题材大可不碰，但千万不要放弃一颗独立、随时在追求美的敏锐心灵，更不要被科技迷惑。拍照时，若发现镜头里有个人不小心跌倒了，我希望我们会去扶那个人，而不是按快门。

最后容我感谢几位朋友，他们是曾在索尼工作的谢怀志和仍在那里工作的吴秉泽，他们提供了我技术上的帮助。

感谢居住在台南的蔡宗升和他的家人，我常常在夜半利用skype与他聊聊生活琐事与摄影心得，替本书增添了很多灵感。此外，我还要感谢台湾索尼公司近年所提供的数码相机，全书除了一幅花的影像，所有影像全以索尼公司所提供的各类型数码相机拍摄，若说我的数码摄影伴随着索尼数码相机发展应不算夸张，这家公司还能将数码摄影器材发展到什么领域，颇令人好奇与期待。

数码延伸了摄影领域，当一块小小的LCD屏幕可立即呈现将按快门的画面，甚至连曝光参数都可立即修正时，一条不知通往何处的摄影之路已悄然成型，只要对美好事物仍有向往与坚持，我们将不至陷入迷途，更不会被焦虑击溃。

太阳底下不会有新鲜事，但仍有万千美好事物，有待我们以相机来参与欣赏及挖掘。

共勉之！

秋光

拍摄模式／光圈优先．光圈 f/7.1·快门 1/50秒．ISO 200．35mm SLT-A99V（左）
拍摄模式／光圈优先．光圈 f/8·快门 1/400秒．ISO 200．24mm SLT-A99V（右）

摄影小札

美国东部的秋天很漂亮，多年秋日我人不在这里，这回打算拍过瘾，然而大自然的脚步从不等人，若按照它的步伐摄影，只怕自己先累死，例如上面两张摄自同一地点的影像，前后不过相差三天，房前大树不仅叶子掉光，就连阳光的角度也变了，我最后在枯树下的谷仓前扔下一条红丝巾，如挽歌般向秋日告别。

数码摄影让每一位摄影者变得很贪婪，总想在短时间内拍尽动人盛景，我也不例外，拍了一堆整理不完的影像，然而在拍摄告一段落后，我却很想念传统摄影好整以暇的作业方式，数码科技好像将生活变得更加便利，事实上它根本加重了人的工作量与负担，我在书写后记时，竟有了得刻意放慢脚步的节制感想，虽有点讽刺，却是发自肺腑的。若以高科技换取深度感受的平凡生活，我宁可回归自然。真切的经验与拥抱，远比难以负荷地占有，来得深切与宝贵。

摄影就是一个全心全意、无可取代的专注凝视，且让我们做高科技怪兽——数码相机的主人，而不是被它役使。试想，当人人都可以拥有一台多功能相机时，却不再静心拍照与追求美的瞬间，会是多么可惜与讽刺。

图书在版编目（CIP）数据

数码摄影拍美照：将平凡场景拍出不凡影像/范毅舜著，
北京：化学工业出版社，2017.5
ISBN 978-7-122-29443-2

Ⅰ.①数… Ⅱ.①范… Ⅲ.①数字照相机-摄影技术
Ⅳ.①TB86②J41

中国版本图书馆 CIP 数据核字(2017)第 071427 号

原繁体版书名：焯焯光影：范毅舜從傳統到數位的攝影心法，作者：范毅舜 著
ISBN：978-986-5865-48-1

本书中文简体字版由積木文化授权化学工业出版社独家出版发行。
未经许可，不得以任何方式复制或抄袭本书的任何部分，违者必究。

北京市版权局著作权合同登记号：01-2016-5661

责任编辑：孙　炜　王思慧　　　　　　　　　　　　装帧设计：王晓宇
责任校对：吴　静

出版发行：化学工业出版社（北京市东城区青年湖南街 13 号　邮政编码 100011）
印　　装：北京瑞禾彩色印刷有限公司
787mm×1092mm　1/16　印张 16　字数 400 千字　2017 年 11 月北京第 1 版第 1 次印刷

购书咨询：010-64518888（传真：010-64519686）　售后服务：010-64518899
网　　　址：http://www.cip.com.cn
凡购买本书，如有缺损质量问题，本社销售中心负责调换。

定　　价：99.00 元　　　　　　　　　　　　　　　　　版权所有　违者必究

THE BEAUTIFUL PHOTOS OF DIGITAL PHOTOGRAPHY

THE BEAUTIFUL PHOTOS OF DIGITAL PHOTOGRAPHY